"60 分妈妈"系列

女孩小猪猪去看心理医生

[英] 唐纳德·温尼科特 —— 著

黄杰 王琳丽 —— 译

The Piggle

An Account of the Psychoanalytic Treatment of a Little Girl

中国出版集团
世界图书出版公司

图书在版编目（CIP）数据

女孩小猪猪去看心理医生 /（英）唐纳德·温尼科特著；黄杰，王琳丽译.
—北京：世界图书出版有限公司北京分公司，2023.1
（唐纳德·温尼科特儿童心理）
ISBN 978-7-5192-9881-4

Ⅰ.①女… Ⅱ.①唐… ②黄… ③王… Ⅲ.①儿童心理学 Ⅳ.①B844.1

中国版本图书馆CIP数据核字（2022）第161167号

书　　名	女孩小猪猪去看心理医生 NYUHAI XIAOZHUZHU QU KAN XINLI YISHENG
著　　者	[英] 唐纳德·温尼科特
译　　者	黄　杰　王琳丽
责任编辑	余守斌　杜　楷
装帧设计	王左左
出版发行	世界图书出版有限公司北京分公司
地　　址	北京市东城区朝内大街137号
邮　　编	100010
电　　话	010-64038355（发行）　64037380（客服）　64033507（总编室）
网　　址	http://www.wpcbj.com.cn
邮　　箱	wpcbjst@vip.163.com
销　　售	新华书店
印　　刷	天津光之彩印刷有限公司
开　　本	880mm×1230mm　1/32
印　　张	6.5
字　　数	162千字
版　　次	2023年1月第1版
印　　次	2023年1月第1次印刷
国际书号	ISBN 978-7-5192-9881-4
定　　价	45.00元

丛书译者团队

翻译统筹：何 异

译 者：何 异 李 仑 孙长玉 黄 杰 何 蓓

谭 露 林立宁 王琳丽 高 旭

英文版编者按

本书源自精神分析学家、儿科医生温尼科特的一份治疗笔记，记录了他为一个名叫猪猪的小女孩做咨询的完整过程。这让读者有一个难得的机会，可以走进咨询室，了解咨询师与孩子的互动方式，看到一个咨询师眼中的孩子的世界。这对那些从事与孩子相关工作的专业人士来说特别有价值；如果你是关注儿童及其发展的人，这本书也非常值得你关注。

熟悉温尼科特的人会对这位小女孩猪猪的治疗记录特别感兴趣，因为温尼科特在笔记中不仅给读者描述了每次治疗的发展动态，还给出了他自己对正在发生的事情的理论诠释。同时，温尼科特在治疗中跟孩子谈话的内容与谈话的方式，都生动展示了他深厚的精神分析理论与精湛的专业技巧，为我们呈现了一个大师级的咨询案例的实操过程。

需要注意的是，这不是一本严肃的教科书。它的主要内容是咨询师与孩子如何在一定的张力下一起愉悦地工作和玩耍。在温尼科特看来，“这个年龄的孩子不可能从游戏中获得意义，除非他们首先能享受游戏，体验快乐”。正是通过对游戏的操作和享受，孩子才能掌控自己的焦虑，并将它包裹在愉悦之中，接纳游戏中的全部体验。（第十三次咨询。）

读者可以感受到温尼科特和孩子玩耍时的乐趣。他感知并接受了孩子的移情，但远远不止如此，温尼科特还把孩子分配给他的各种角色演得惟妙惟肖。孩子内心世界的戏剧化呈现，使她可以体验那些最困扰她的幻想并与之玩耍。当治疗师的功力让治疗环境变得足够安全时，这样的情境就会循序渐进地发生。治疗师让移情中的创造性张力得以维持，将焦虑和不确定感保持在孩子的承受能力范围之内，就能让玩耍得以继续，而治疗的效果就会水到渠成。

温尼科特医生会根据每个具体病例的需要来调整他的治疗方案。如果来访者有需要、有条件进行完整的精神分析治疗，他会为来访者做完整的精神分析；如果不具备做精神分析的条件，温尼科特会根据实际情况“按需治疗”，可以是短程的单次治疗，也可以是长程的系统治疗。在本书的案例中，温尼科特使用了“按需应变”的方法，根据小猪猪自己的意愿与状态来安排治疗。

在本书的手稿中，温尼科特医生留下了一份备忘录，提醒自己对自己与小患者家长的工作方式做一些评论和解释。遗憾的是，他没有把这些信息写完。但这份备忘录中有一些他对自己与父母们的工作时的感受：“与父母分享材料，属于精神分析工作的一个部分（共享），这不是家庭治疗，也不是打探来访者隐私，不会破坏父母与治疗师之间的信任，父母也没有干预我们的治疗工作。”

另一篇备忘录里的笔记提到，与父母分享材料以及设置访谈间隔，都有降低对孩子占有欲的作用，这为小患者与父母的关系发展打开了通道，这是整个治疗过程中起很大作用的一部分。在小猪猪的案例中，读者会明白，父母才是具有心理治疗效果的专业人士。与父母合作，对心理咨询的结果至关重要。

本书案例的治疗时间持续了两年半，而且不经常见面。在治疗间隙，小患者经常在她父母给温尼科特的信中夹带信息和图画，向温尼科特医生表达她的感受。根据孩子的意愿来安排会谈，对完成治疗性任务来说至关重要，而且这种方式对于维持治疗关系也至关重要。移情的力量贯穿始终，并最终以一种令人感动和信服的方式让问题得到解决，这个结果让双方都感到满意。

克莱尔·温尼科特（Clare Winnicott）

R. D. 谢泼德（R. D. Shepherd）

温尼科特出版委员会

序言

非常荣幸，能给大家介绍唐纳德·温尼科特医生所写的这本书。他写了这篇私密而令人着迷的临床文献，并把它搁置了好几年，直到现在才决定把它呈现给所有读者，而不仅仅给克莱尔·温尼科特（Clare Winnicott，是温尼科特的第二任妻子）和他曾经治疗过的小患者的父母看。

1971年，温尼科特去世前一年半，在他特别安排的一次会面中，我得知了这本书的手稿。从1969年夏天起，我就与他讨论过这本书的纲要，并在随后的通信中为这本书的出版提供帮助。如果他有时间修改某些段落并扩展几个简短的注释，这本书的内容将更为完备，也更符合温尼科特最初为其设定的格式和风格。然而，即使存在这些缺憾，这份记录在临床工作中仍然是一个罕见的、无价的案例，充满了智慧和说服力，充分展现了作为最具创造力和最杰出的精神分析治疗大师之一的温尼科特医生在临床工作中的理论和专业功力。

对那些可能没有接触过温尼科特的读者，我在这里简单介绍一下他的成长背景。温尼科特的父母是地道的英国人，他在舒适的环境中长大，20岁出头就获得了行医资格。此后他以儿科医生的身份开始了自己的职业生涯，在伦敦帕丁顿格林儿童医院工作了大约40年，在此期间，他接诊过大约6万名母亲和儿童。

在开始儿科工作后不久，温尼科特接触了欧内斯特·琼斯（Ernest Jones），后者建议他接受詹姆斯·斯特雷奇（James Strachey）的精神分析方法。[①]关于那些岁月，温尼科特写道："当时我刚起步，是儿科咨询医生，你可以想象，这是多么令人兴奋的一件事，通过无数的病例记录，从没有受过指导的家长那里，可以得到所有人都需要的精神分析理论的实证，这些理论通过我自己的分析开始对我有意义。那时候，还没有其他精神分析师也是儿科医生的先例，所以在二三十年的时间里，我是一枝独秀。"[②]

在生命的最后15年里，温尼科特享誉国际，声名远播。他没有建立学校，也没有带领一群追随者传播他的教义，而是以谦逊而直接的方式，以简单而独特的风格，以著述与讲座的形式，将精神病学和精神分析方面的专业知识结合案例做翔实呈现，广泛地为父母、教师以及所有为儿童提供护理服务的社会工作者列示令人信服的论证。温尼科特以对人性科学的贡献而留名史册，因为他发现了人类成长和自我实现的重要性，在此之前，人们一直没有充分意识到这一点。

到目前为止，温尼科特出版的书籍和论文的参考书目有190种（见《成熟过程和促进性环境》中列出的清单）。仅仅是对这些巨著的主题加以简单介绍，也足以写满一整本书。马苏德·汗（Masud Khan）[③]为最新出版的温尼科特论文集《从儿科学到精神分析》（伦敦，霍加斯出版社，1975年出版）写了序言，序言中我们看到他对温尼科特在儿童心理和精神分析领域所做贡献的精辟阐述。

唐纳德·温尼科特是我最尊敬的老师之一，在过去的近二十年里，他也是我的朋友和咨询师。我习惯于每次去欧洲参加国际精神分析大会都经过伦敦。1969年6月，我写信给温尼科特，想知道在我们前往罗马的活动之前，他是否有时间见我。他立即回复说，等我到达伦敦之后选个晚上见面。

---

① 欧内斯特·琼斯、詹姆斯·斯特雷奇皆为精神分析发展过程中的重要人物。——编者注

② 克莱因学者贡献的个人观点。《成熟过程和促进性环境》。纽约：国际大学出版社；伦敦：霍加斯出版社，1965年，P.172.

③ 马苏德·汗是印度裔英国精神分析学家。——编者注

但就在同一天，我收到了随后的另一封信，信中说：

“我有些‘惊喜’要告诉你，7月22日下午2:30—4:15，你要在所有参会者面前督导我！

“事情是这样的，因为身体原因，我的一些学生不得不在别处接受督导，而我还没有找到一个能提供很好的案例让我督导的学生。所以，我已经请求主办方允许我用被督导的方式报案例，而我请求你来做我的督导师。

“我将用一个小时来报告一个儿童精神分析的案例，你可能会觉得这是一个很糟糕的分析，但这个案例应该引起讨论。我满怀热情地期待着这次经历，等我们见面的时候，如果有必要，我可以告诉你更多你想知道的事情。我特别希望你能答应。”

我到达伦敦后不久的一天晚上，克莱尔为我们准备了一顿丰盛的晚餐。温尼科特告诉我，我们将在7月22日参加一个会前活动，这是英国精神分析学会主办的科学项目会的一部分。当我问他有没有什么资料可以让我读一下，以了解将要督导的案例背景时，他半认真半开玩笑地劝说我不需要花时间准备，我也不要用他将要陈述的内容以外的任何素材来扰乱思路，就以他的陈述内容作为我督导评论的基础，并在会议上引导公开讨论。在一阵闲谈后，他还是递给我一份完整的案例报告，又说，他还没有决定要把其中的哪一部分拿出来督导。

说实话，我很担心自己在会上让参会者失望，因为他们没有如之前期待的那样看到温尼科特做督导，而是看到他被督导，还是由一个名不见经传的同行来督导。于是，回到旅馆后我就匆忙地翻阅手稿，想尽量了解它的内容，思考如何引导现场的讨论。然而手中的案例让我很快消除了担忧，我仿佛无意中发现了一个宝藏，抑制不住的兴奋和喜悦使我急切地期待着会议开始。

此刻您手上的这本书，就是那个案例的资料原文。

会议开始后，大圆形剧场的座位都坐满了，迟到的人只有站的地方，但他们也感到很满意。在登记参加会议的名单中，与会者包括来自世界各地的精神分析学家，只有少数来自英国，因为会前的科学项目主要是为海外参会者准备的。

在解释了为什么他不打算自己督导，而是由我来督导他之后，温尼科特谦逊温柔地介绍了这个个案，并介绍了他在第一次治疗期间所做的工作。随后，有一个问题被集中讨论，即温尼科特所称的“按需应变的心理分析”的治疗方式是否属于精神分析或心理治疗。

温尼科特回答说，请大家把注意力聚焦到他对移情和无意识的处理上，而不是集中在对分析情境的安排和治疗的频率上。这时，一位不耐烦的听众低声说：“如果质疑这种工作方式不是精神分析的话，为什么‘小汉斯’的案例[①]仍然被认为是精神分析文献中的经典之一？”

温尼科特在这本书中也介绍、讨论了“按需应变”这种治疗方式的优点。

事实上，温尼科特在1958年就已经表明了他对精神分析定义的看法[②]，当时他说：

“我一直被邀请定义什么是精神分析治疗，为了平衡这一点，一位同事被邀请去定义个人心理治疗。我想我们都以同样的问题开始：如何区分两者？就我个人而言，我无法作出区分。对我来说，问题是：治疗师是否接受过分析训练？”

“与其将我们的两个学科进行对比，不如将这两个学科与儿童精神病学的学科进行对比。在我的临床中，我已经用儿童精神分析治疗了数千名这个年龄段的儿童（潜伏期）。我（作为一名训练有素的分析师）给数百人进行了个人心理治疗。我也给一定数量的这个年龄段（12～20岁）的孩

① 弗洛伊德（Freud，S.）（1909），对一个五岁男孩恐惧症的分析。标准版，10:3–149。伦敦：霍加斯出版社，1955年。

② 潜伏期的儿童分析：《成熟过程与促进性环境》。纽约：国际大学出版社，1965年；伦敦：霍加斯出版社，p.115.

子做精神分析治疗。边界是如此模糊，我无法准确说出两者的差异。”

几年后（1962年）[1]，他再次谈到这个话题时说：“我喜欢做分析，我总是期待每次分析的结束，为分析而分析对我来说毫无意义。我做分析是因为这是病人需要做的，如果病人不需要分析，我就做别的事情。在分析中，有人会问：一个人可以被允许做多少次治疗？相比之下，在我的诊所里，座右铭是：需要做的分析少之又少。”

他在同一篇论文的结尾写道：“在我看来，如果我们解释的心理机制属于精神病类型的精神障碍和个体情绪阶段的原始阶段，我们在标准技术实践中的目标就不会改变。如果我们的目标是继续用移情的方式来描述原始的意识，那么我们就是在练习分析；如果不是，那也是在练习一些我们认为适合的东西。难道不是吗？”

伊沙克·拉姆齐（Ishak Ramzy，M.A.，Ph.D.）

1974年10月

① 心理分析治疗的目的：《成熟过程与促进性环境》。纽约：国际大学出版社，1965年；伦敦：霍加斯出版社，p.166–70.

目 录

1

欢迎再次做回自己，加布里埃尔

2 不是医生温尼科特，是小宝宝温尼科特

3 每个孩子都拥有唯一只属于自己的父母

1

欢迎再次做回自己，加布里埃尔

引言

这本以我的名字出版的书里，有部分内容是一个昵称为“小猪猪”（Piggle）[①]的小女孩（名字叫加布里埃尔，Gabrielle）[②]的家长写的。书中摘录了小女孩父母关于孩子成长的一些书信，以及我试图详细描述的精神分析会谈的临床记录。我已经做了一些评论，但希望它们不妨碍读者对个案材料及其演变所形成的个人看法。

虽然公布任何案例分析的私密细节都存在是否公平的问题，但在这个案例中，患者开始治疗时只有两岁零四个月，这使我公布细节的决定变得容易些。此外，通过事先沟通与责任明确，父母已经表明，如果加布里埃尔长大后有机会看到这本书，他们也认为书中对于治疗记录的描述不会对她造成伤害。[③]

我不认为这个个案的治疗已经完成。在我看来，因为来访者太小，分析的效果有可能被孩子自身发展的过程取代，所以我个人对孩子的分析过程的完整度持有怀疑。本例中，最初孩子的疾病症状明

① 在英国，“Piggle”这个昵称经常会用在小孩子身上，以示亲密。

② 这个名字，以及其各种变体会在本书中反复出现，有时指代小猪猪本人，但有时不是。为了便于读者理解，其中一些名字（或变体）会保持英文原貌，请读者留意。

③ 这位母亲就治疗记录做了一些评论，其中一些被收录在书中。

显，后期有了显著改善，因此很容易将临床的改善归因于分析工作。然而，孩子开始摆脱导致她疾病的僵硬的防御模式，是随着时间的推移而完成的，这就很难区分是临床改善，还是孩子自身的情绪发展，是治疗过程中所做的工作起了效果，还是她在成长过程中自己摆脱了疾病。

1964年1月，加布里埃尔两岁零四个月时，她的父母和我取得了联系。加布里埃尔两岁五个月大的时候，我们开始了总共14次的“按需咨询”的治疗。在第14次治疗时她正好五岁。在本案例中，由于孩子住的地方离伦敦很远，治疗只能是“按需”进行，因此只能采用“按需咨询”的方法，也许还包括强化治疗（密集型治疗）阶段。遥远的未来不可能也不需要被预测。然而，可以观察到，对于孩子的症状，分析师比父母更耐受，表现更镇定。

在孩子进入治疗之前，父母会非常关注孩子丰富的症状表现，但治疗师则不会关注这些；一旦孩子接受治疗，家长往往认为，症状如果再次出现，就意味着孩子必须重新接受治疗，但事实并非如此。在儿童治疗中，一个非常有价值的干预，就是提高父母对孩子行为的耐受能力，让父母了解：孩子情绪紧张以及情绪发展中的暂停现象，很可能就是孩子自身发展的必要组成部分。

就这个角度来说，“按需咨询”的方法比每周五次的会谈方式更有优势。但我不赞同在常规咨询和按需咨询之间的折中方案。孩子们要么按照常规设置来进行分析，要么以按需的方式接受分析。现在，每周一次的治疗方式已经成为一种被广泛接受的折中方案，但其价值却令人怀疑，因为它夹在两者之间，阻碍了治疗工作真正地深入进行。

读者可以看到，在治疗期间，这个孩子的临床状况在父母写的信中得到了很好的描述。这些描述是在没有任何出版想法的情况下写成的，信中父母只是简单地告诉治疗师加布里埃尔症状的主要表现，在最初的几次晤谈之后，症状在某种程度上逐渐消失，让位于一系列更成熟的表现，这得益于加布里埃尔在婴儿期（也就是母亲第二次怀孕前）得到了令人满意的照料。从精神分析的角度，我们可以看到这个孩子人格中的健康基础。根据孩子在健康状态和孩子生病时的明显对照，治疗师找到了孩子病情发展的脉络，这些脉络的呈现增强了父母和病人对分析师的信心。

已经完成的工作描述表明，从一开始，加布里埃尔就知道如何开展关于自己的治疗工作，每次她来治疗时，都会带来一个需要分析的问题。每一次，尽管有许多不确定的游戏、行为或冒失而又杂乱无章的对话，看起来似乎没有方向，但分析师总有一种被孩子告知某个特定问题的感觉。这些不确定的游戏显然有一个重要作用，那就是让治疗摆脱混乱，呈现出清晰的方向感。坦然接纳混乱，孩子才能够在一种真正的需要感中进行交流，这种需要促使她要求再玩一次。因此做记录时，偶尔我会有意让含糊的材料保持原貌，就像我记笔记时一样。

D. W. 温尼科特（D. W. Winnicott）

1965年11月22日

家长手记

摘自家长的第一封来信，母亲手书

1964年1月4日

您能抽时间看看我们两岁四个月大的女儿加布里埃尔吗？她非常焦虑和担心，这些焦虑使她晚上睡不着觉，还影响她的日常生活以及她与我们的关系，虽然只是有时影响。

以下是一些关于加布里埃尔的细节：

很难把她描述成一个婴儿；她看起来近乎一个成人，给人一种内在力量巨大的感觉。关于喂养的需求很少，*她吃了九个月的母乳*，断奶很自然，很容易就完成了。她的平衡能力很好——很少摔跤，学走路时几乎从不跌倒，跌倒时也很少哭泣。她从小对父亲感情强烈，对母亲则有些态度专横。

她21个月大的时候有了一个小妹妹（现在妹妹7

个月），我认为这对她来说为时过早。而且我觉得，妹妹的出生以及我们对此的焦虑[①]似乎都给她带来了很大的变化。

疾病的临床表现

她很容易感到烦躁和抑郁，这在以前是不明显的，她突然意识到她在家庭中的关系和特殊身份。她对妹妹的到来感到极度痛苦，明显的嫉妒，虽然十分严重，但并没有持续多久。这两个孩子现在发现彼此都很有趣。加布里埃尔以前似乎对她的母亲视而不见，但现在，她在母亲身上表现出了更多的热情，尽管有时也会表现出更多的怨恨。相反，现在对父亲表现得比较冷漠了。

关于这些事，我就不告诉您更多的细节了。但必须告诉您她的那些幻想，这些幻想使她朝我们长时间地喊叫，直到深夜才停止。

她有一个黑妈妈和黑爸爸。一天晚上，黑妈妈过来跟她说："我的白薯在哪里？"（吃白薯=吃奶。她指着自己的乳房，然后拉着它们使它们变得更大。）有时她会被黑妈妈放进厕所里。住在她肚子里的黑妈妈，可以和她打电话。黑妈妈经常生病，而且很难好起来。

第二个幻想出现得更早，是关于"巴巴车"的。每天晚上，她一遍又一遍地说："告诉我关于巴巴车的事，关于巴巴车的一切。"黑妈妈和黑爸爸经常一

---

① 很久以后我才知道，母亲本人也在女儿这个年龄经历了一个弟弟的出生。D.W.W.（即作者D.W.温尼科特本人。——编者注）

起坐在巴巴车里，或者是某个男人独自坐在里面。偶尔会有一只黑色小猪出现在这里。

一般情况下，她显得很活泼、很自然、很有活力，但在刚刚过去的一段时间里，她每天晚上都严重抓伤自己的脸。

所以我们想，我们应该请求您的帮助，以免她只能把沉默和伤害自己当作面对痛苦的唯一办法。

摘自母亲之后的几次来信

自从我给您写了一封信以后，一切都没有改善。小猪猪现在几乎不能专心玩耍了，甚至不能承认自己的存在。她有时候是爸爸，但更多的时候是妈妈。“小猪猪走了，去找巴巴车了。小猪猪是黑色的。这两只小猪猪都很糟糕。妈妈，为巴巴车哭了！”

症状恶化的临床表现

我告诉她，我已经写信给温尼科特医生，“那个懂得巴巴车和黑妈妈的人”，从那以后，她停止了每晚“告诉我关于巴巴车的事吧”的恳求和叫喊。她两次突然提出“妈妈，带我去看温尼科特医生”的要求。

第一次咨询
（1964年2月3日）

父母带着女孩小猪猪来到我这里。我们先在咨询室里待了一会儿。孩子看上去很严肃，她把头伸进门的那一刻，好像马上就要开始工作似的。

接着，我把三个人都带到候诊室，然后试着把小猪猪再带回我的咨询室。她不太愿意。在经过走廊时，她对母亲说：“*我太害羞了！*”

首次沟通

因此，我让母亲和小猪猪一起进入咨询室，并告诉母亲不需要提供任何帮助，她于是坐在沙发上，小猪猪坐在母亲旁边。

桌子旁边的地板上有一只泰迪熊（小猪猪带来的），我先和他交朋友。接着，我坐在房间后面的地板上玩玩具，对小猪猪说（我实际上看不见她）：“把泰迪带到这里来，我想让他看看这些玩具。”她马上去把泰迪熊带来，给他看那些玩具。

然后她开始自己玩玩具，主要是把玩具火车的部件摆整齐。她不停地说："我得到了一个……（不管它是什么）"

大约五分钟后，母亲溜出咨询室进了候诊室。我们把门开着，这对小猪猪来说很重要，她在测试我们的这些安排。然后，她一遍又一遍地重复着说："这是*另一个*……这是*另一个*。"主要是说玩具卡车和火车头之类的，但说的具体是什么似乎并不重要。因此，我尝试着与她交流，说："（这是）另一个宝宝。*苏西宝宝*。"[①]

我的话显然是说对了，因为她开始给我描述苏西宝宝到来时她记忆里的场景，她说："我还是个宝宝，我在一张小床里，我睡着了，手里拿着奶瓶。"我想可能是关于吃奶的事情，于是说："你是说你正在吸奶瓶吗？"她说："不，我不是。"（事实上，我后来发现，她从来没有用过奶瓶，但她看到过用奶瓶喂养婴儿。）

我就照着这个思路说下去："然后（这里）还有*另一个*宝宝。"

建立沟通

我希望帮助她继续讲述这个关于婴儿出生的故事，因为这个故事明显对她有难度。

然后她拿起一个圆形的玩具组件——大概是哪个玩具车轴或车厢上的零部件——问："这是从哪里来

① 苏西（Sush）是加布里埃尔对妹妹苏珊（Susan）的称呼，现在8个月大。

的？”我如实回答，然后说：“那，那个宝宝是从哪儿来的呢？”她回答说：“床。”同时，她拿起一个玩具小人儿，试图把它按进一辆玩具车的驾驶座上。但小人儿太大了，进不去，她又试着把它从窗户伸进去，试了各种方法，还是不行。

“它进不去，它卡住了。”她拿起一根小棍子，把它插进窗户，说：“棍子进去。”我说了些男人把某些东西放进女人身体里就生出宝宝的话。

她说：“我有一只猫。下次我会把小猫带来，改天再来的时候。”

这时她想去看她的母亲，于是她打开了门。

来访者出现焦虑——转换话题

与母亲发生联接——缓解焦虑

我说要和泰迪熊聊聊，因为看到小猪猪有一些焦虑需要处理。我试图用语言把它表达出来：“你感到害怕了，你做过可怕的梦吗？”她说：“是的，关于巴巴车的。”这个名字来访者母亲曾经告诉过我，与妹妹苏珊有关。

现在，加布里埃尔从玩具小羊身上取下缎带，把它戴在自己的脖子上。我貌似不经意地问：“巴巴车吃什么呢？”她回答说：“我不知道。我得到了一个蓝色的……哦，不，这是一个气球。”（她之前带来了一个泄了气的气球，而游戏一开始就是对她眼前的那些东西的胡乱摆弄。）

她拿起一个小磨砂电灯泡，上面画着一个男人的脸。她说：“画个小人儿。”我就又在灯泡上画了一张男人的脸。她拿起一个塑料的草莓小篮子说：“我可以把这些放进去吗？”然后开始小心翼翼地把所有东西都装进各个盒子里。周围有很多零碎的东西，大约有八个这样或那样的盒子。我对她说："你在制造一个小婴儿，就像做饭一样，把所有东西都放在一起。"她对此的回应是："我必须收拾一下。绝不能把这个地方弄得乱七八糟。"

最终，所有零碎的东西都被打包进了六个盒子里。我思索着怎么去做那些我必须做的事情，然后想到了关于黑妈妈的话题："你生过妈妈的气吗？"我把黑妈妈和她与母亲的竞争联系起来，因为她们都爱同一个男人——爸爸。很明显，她很依恋她的父亲，我觉得这样的解释在某种程度上肯定是正确的。

拒绝混乱

她把东西收拾好后说："我要去找爸爸妈妈。"她走向候诊室时说："我已经打扫干净了。"

在整个过程中，加布里埃尔和我一起把所有的玩具都放到了架子下，包括她自己的泰迪熊，我们又在小羊的脖子上绑了一个新的蝴蝶结。

然后，我与小猪猪的母亲进行了一次会谈，而爸爸在候诊室照看小猪猪。

与母亲的面谈

母亲说最近小猪猪的健康状况不太好，和以前相比有很大的变化。她并不淘气，对妹妹也很好。到底哪儿不对，很难用语言表达出来。但*她已经不是她自己了*。事实上，她拒绝做自己，总是说："我是妈妈。我是宝宝。”她不能被当作她自己。她开始用一种本不属于她的高亢声调聊天，如果她自自然然地说话，她的声音会低沉得多。作为一个宝宝，小猪猪又有一种不同寻常的自我满足和自洽的能力。苏珊出生后，母亲立刻意识到小猪猪需要更多的关注。

有一首歌[①]在小猪猪婴儿时期就陪伴她，但最近当父母唱这首歌时，她却痛苦地哭着说：“停。不要唱这首歌。”（和我一起时，她哼了一首曲子，并且当我说“船儿一只只驶过”时，她非常高兴。我了解到这是她父亲教给她的一首歌。）

小猪猪现在不喜欢的歌是一首德国歌，里面有一些生造出来的英语单词，这首歌显然与母亲和孩子的关系密切相关。母亲的母语是德语，父亲则是英国人。

关于黑妈妈和巴巴车，有些细节我不是很清楚。小猪猪的噩梦可能是关于巴巴车，也可能是关于一列火车。

对病症的进一步描述

这个孩子没有受过上厕所的训练，但新婴儿出生后，她一周内就自己学会了如厕。她是那种不说话，然后突然就能畅所欲言的孩子。她过去整天玩耍，但自从情况发生变化（新婴儿出生）后，她就常常躺在床上吮吸拇指，不再玩耍。她的平衡感一向很好，但

① 父母备注：我们曾把一首老曲子改成了一首摇篮曲，歌词里有：“……妈妈和爸爸在这里……”（即：宝宝睡觉时爸爸妈妈在身边。）很长一段时间，当有人哼着这首曲子时，她眼中都会泛泪。我们现在给它换了新词（原版是一首关于离别的歌），她有时会喜欢听，但有时又会叫：“停！”

自从变化发生后，她就常常跌倒、哭泣，还总觉得自己摔伤了。

小猪猪以前很霸道，母亲总是被她呼来唤去。从六个月大的时候起，她就很敬慕她的父亲，并可以在那个年龄就开口叫：“爸爸！”但她很快就忘记了，或者不再能用这个词了。自从变化发生以来，她似乎把母亲看作一个不同于以往的人，开始对妈妈变得亲热，而对父亲则变得冷淡内敛。

几天后，在和母亲的电话交谈中我了解到，经过咨询之后，小猪猪允许自己也是一个宝宝，不再抗议这个身份，这是妹妹出生以来她第一次接受宝宝的身份。她走近小婴儿床，拿了许多奶瓶。然而，她不允许任何人叫她小猪猪。她要么是宝宝，要么是妈妈。小猪猪们都是坏的和黑色的。“我是个宝宝。”母亲似乎觉得加布里埃尔不那么痛苦了。她用一种象征化的方式来表达她的体验，正如母亲所说的那样。

父母们感到很无助。他们似乎无法看到孩子有通过内在自我解决问题的能力。另一方面，他们没有满足于目前孩子的状况，这也是对的。

小猪猪躺在床上哭了，也不知道为什么。当他们离开我时，她说：“巴巴车，”好像她忘记了什么。然后她说：

对咨询师的信任

“温尼科特医生不知道巴巴车——不知道巴巴车。”她还说，泰迪想回伦敦和温尼科特医生一起玩耍，但她不想去。

顺便说一句，她差点儿把泰迪熊忘在咨询室的玩具堆里，但在最后一刻想起了它，把它带回家了。她好像一直在后悔没能把巴巴车的事告诉温尼科特医生。这让她的父母想起了她之前对黑妈妈和巴巴车的紧张情绪，后来这些痛苦似乎“突然中断了”。这位母亲并不知道巴巴车的确切起源，但它似乎与黑色、黑妈妈、黑色自我和黑人有关。

正当情况逐渐好转时，加布里埃尔突然显得有些焦虑，说：“巴巴车。”于是，情况又糟糕起来。*这印证了“黑色在这里意味着仇恨（或幻灭）出现”的观点。* 幻灭感

还有一个细节，就是有时候母亲“必须”摔倒，伤了自己，然后小猪猪让母亲好起来。如果需要的话，这是一个新的证据，证明小猪猪对母亲的恨和爱同时出现，并且小猪猪有能力带着攻击性地使用母亲。 两极情感

对于这一点，必须加上一个假设：“跌倒”就象征怀孕。这样，对父亲的攻击性也被包含在内了。

评论（咨询师解析）

我觉得这次访谈和来自母亲的报告证明了我把“羞耻”这个词作为关键词是有道理的。来访者正在和母亲建立一段新的关系，这段关系中包含了她对母亲的恨，而这个恨源于她对父亲的爱。她六个月时就出现的对父亲的爱尚未融入她的整个人格之中，而是被摆放在她与母亲的关系之外。在当时，母亲对小猪猪而言还是一个主观客体。[①]

与新生儿有关的变化带来了焦虑，降低了小猪猪在游戏中的掌控感，噩梦也随之而来。然而与此同时，小猪猪也将自己与母亲分离开来，接受了母亲是一个独立的人，从而她的自体和自我身份开始得以建立，并伴随着强烈的渴望与父亲亲密结合的愿望。由此推测，“黑妈妈”大概是她对母亲主观臆测的遗留物。

当我回顾咨询的细节时，我认为最重要的部分发生在咨询的早期阶段。当时小猪猪回应我关于“另一

---

① 关于“主观客体”概念的讨论，可参阅以下文献：

（1）温尼科特（1971），《游戏与现实》，伦敦：塔维斯托克出版社，P.80.

（2）温尼科特，《成熟过程与促进性环境》，纽约：国际大学出版社；伦敦：霍加斯出版社，1965年，PP.180-181。

个宝宝”的解释时，她坚称自己就是那个在婴儿床里的宝宝，然后提出了“宝宝们是怎么来的”相关的问题。这种成熟度，在两岁零五个月大的孩子身上并不很明显。

以下是本次治疗中值得留意的一些重点：

1. 说出“我害羞”，是自我力量和组织能力的体现，也是分析师作为“父性客体”得以建立的证据。

2. 伴随一个新生儿的到来，各种问题产生，这些问题迫使小猪猪过早地发展自我。她的年龄其实还不足以接受简单的矛盾情绪冲突。

3. 精神紊乱的标志迹象：巴巴车，与黑色有关的系列描述等，各种噩梦。

4. 沟通能力。

5. 通过退行到婴儿状态来临时解决问题。

父亲来信

您能给我们接诊真是太好了。当我们正在考虑如何更好地与您沟通时，您打来了电话，这对我们来说是一个很大的帮助。

您现在知道了，小猪猪去见您后的第二天，就在婴儿床上吮吸着一个奶瓶。当时我并不觉得这能让她得到满足，很快她就放弃了。现在，她认为自己或者是宝宝，或者是大妈咪（一个非常宽容乃至溺爱的人），两者交替出现，但从来不是她自己。她甚至不允许我们叫她的名字。“小猪猪，”她说，“消失了。是黑色的。这两只小猪猪都是黑色的。”

按时就寝仍然很困难，她通常在晚上九点或十点会醒来，她说：“因为巴巴车。”在白天，开心玩耍之后，她说了两次“哭喊啊，妈妈”——“为什么？”——“因为巴巴车。”巴巴车似乎常常与黑妈妈联系在一起。但最近几天，第一次出现了“好妈妈”的声音，来自一个相当焦虑、拘谨、微弱的声音，不像她自己的声音，但不是那么明显。她主要用它来谈论她的巴巴（baba）——她的一个洋娃娃，而不是她的妹妹。

她和苏珊——她的妹妹，被她叫作“苏西巴巴（Sush Baba）”——关系很好。她似乎真心地怜爱妹妹，尽管偶尔也会对妹妹不太友善。她们一起发出粗鲁的噪声，这个游戏让她们都感到很开心。

她多次提到，温尼科特医生不知道巴巴车的事，对此似乎还带着点懊恼和遗憾，并说：“*别带我去伦敦。*”

负性移情——阻抗

她还误导您她是坐汽车来的（事实上，她是乘火车来的，虽然我可能错怪她了，但我没有问她）。*后来的几天这个话题没有被提起，直到她记不住一首歌，她叫我带她去看温尼科特医生。第二天，她又叫我不要去。然后她玩起了用玩具火车带着一车车玩具去伦敦的游戏，“去玩，去聊天”。最近几天，我不得不扮演小猪猪，而她扮演妈妈：“我带你去找温尼科特医生。你回答说‘不’。”——“为什么？”——“因为我需要你说不。”*

移情中的两极化冲突

过去两三天，她一直强烈要求我带她去看温尼科特医生。第一次是当我说她看起来很难过时，她说她整个上午都很难过：“带我去见温尼科特医生吧。”我说我会写信告诉温尼科特医生她很难过。

昨晚，她做了一场噩梦（关于巴巴车、一个想要她的白薯的黑妈妈，黑妈妈还把小猪猪弄黑了，把她的脖子弄僵硬了），她说：“巴巴车是‘ite’。”当被问及“ite”是什么意思时，她说她会告诉温尼科特医生。这（“ite”）是她新想象出来的一个东西，她还反复对它有许多详细的描述，比方说每个人都在跳着踩水，在泥泞里跳着踩水，或者哞哞叫。

将混乱投射于各种玩具

她仍然经常无精打采、郁郁寡欢，但她玩耍的时间比之前越来越多，对事物也再次越来越感兴趣，这让我们感到鼓舞。

与苏珊出生前相比，她现在对父亲的情感仍然很平淡内敛。似乎只有当她认为自己还是个宝宝的时候，她才会温柔可亲。每当有令人兴奋或什么新的事情发生在她身上，或者她遇到陌生人，她都会说这些以前发生过：

对“爱恨交加情感产生前的母亲”的记忆，和对“当前现实存在的母亲”的责备

“那时我还是一个睡在婴儿床上的小宝宝。”我们在夜里无意中听到她叫她自己小宝宝，并且非常温柔地对自己说话。

我认为您是对的，我们过去在理解她的痛苦方面太“自以为聪明”了。我们对没能提前安排好，以致过早生育第二个孩子感到非常内疚。而且不知何故，她每晚都在绝望地恳求——“告诉我关于巴巴车的事”——这让我们感到压力，不得不绞尽脑汁地和她说话。

我们从没告诉过您她婴儿期的事。婴儿期的她显得异常镇定和自信，给人一种她完全可以掌控自己的世界的感觉。我们尽力保护她免于受到各种外界冲击，不让她的世界变得太复杂，这一点，我认为我们还比较成功。苏珊出生后，加布里埃尔莫名地性情大变，也不怎么愿意进食了。看到她这样日渐消瘦憔悴，我们很伤心，而她很可能也已经感觉到这一点。我们两人（父母）之间也因此出现了一段关系紧张的时期。

虽然如您所言，她现在的状况调整不算太差，但她似乎还没有找到重新成为自己的路。我们认为您或

许愿意看看一些有代表性的照片，相比于我们对她的描述，这些照片可能更容易让您了解她。

母亲来信

在您见到小猪猪之前，我想再多给您一些信息。

她现在似乎调整得不错，可以比较合理而不过于伤感地看待一些事情。我曾无意中听到她在床上说："不要哭，小宝宝，苏西巴巴在的，苏西巴巴*在的*。"她也说有个妹妹真好，等等类似的话。但不知为何，我总觉得她现在这样表现的背后，其实在巨大地消耗她自己。

她花很多时间整理、清洁和清洗——尤其是在阳光下清洗一切。否则她就不知道怎么玩耍，无所适从，而且时不时地有点伤心。她花了很多时间让她的"巴巴"（baba，一个玩偶，一个高度理想化的人物）感到舒适。

*她现在更多的是"淘气"，比如要睡觉时就踢腿和尖叫，等等。*当她生气的时候，经常瞳孔放大，然后急切地大喊大叫："我是个宝宝，我是个宝宝。"对于晚上入睡困难这件事，她说是"因为巴巴车"。

拥有了淘气的能力，体现出自我的发展

"（巴巴车）正在把我的黑暗带给你，所以我害怕你。""我怕黑小猪"和"我是坏蛋"这两句话最近经常出现（我们平时没有对她说过她是一个坏女孩或者之类的话）。她害怕黑妈妈和黑小猪，她说：

"因为它们让我变黑。"

昨天她告诉我，黑妈妈抓伤了我（母亲）的脸，扯掉了我的白薯，把我弄脏了，然后用"brrrrr"杀死了我。

参考前面提到的"爱恨交加情感产生前"的主观性母亲客体

我说她一定很想再得到一个干净的好妈妈。她告诉我，在她还是个小宝宝的时候就有一个。

她对即将见到您感到非常高兴。有时遇到困难了，她会说"问问温尼科特医生"。她仍在玩这个游戏："你是小猪猪，我是妈妈，我会带你去找温尼科特医生，你说'不'！"——"为什么？"——"告诉他关于'巴巴蜡烛'的事"（这次没再说巴巴车，她带着一丝窃笑，好像成功给巴巴车打了掩护）。

（顺便说一下，以免您理解她说的话时可能有困难。她还不会发R的音，比如会说Yoman，而不是Roman。）

父母的焦虑减轻了

*您能见她，这使我们松了一口气。*我们知道您做了很多事情，可以这么说，您已经使我们行动更放松，也更容易做到自然地宽容她（而不是勉强忍耐），这些都已经被证明是好现象。

她说要去见您，告诉您关于巴巴车的事。巴巴车现在似乎正把黑暗从一个人带给另一个人。

父亲来信摘录

几个星期前，我的一位父亲般的牧师朋友来家里喝茶，小猪猪非常害羞。昨天，当我们谈到他时，她说："我当时很害羞。"——我说他是"一个非常有爸爸味道的男人"（这是她之前用来形容他的词），这可能会让人感到害羞。她沉默了一会儿，过了好长一段时间，说道："温尼科特医生。"然后又沉默了。就是这样。[①]

① 第一次咨询的线索进一步证实了："我害羞。"

第二次咨询

（1964年3月11日）

两岁五个月大的小猪猪和父亲（母亲留在家里照顾苏珊）一起来到了我工作室门前的台阶上。她想马上进入咨询室，但我需要她等一会儿，于是她和父亲一起进入候诊室等候。父亲和她在那儿说着什么，可能是在给她读一本书。当我在咨询室准备妥当时，她轻松地走了过来，直接走到房间后部，门后的玩具那里。

她拿起一个小火车并给了它一个名字，然后拿起一个新东西，是放洗眼剂的蓝色洗眼杯。

“这是什么？”这时，火车引起了她的兴趣，“我坐火车来的，这是什么？”她又说，“我是坐火车来的。”对于她的父母来说，她的话说得很清楚，可以听懂，但对我来说她的发音有点奇怪。然后她拿起了我们上次玩的黄色小电灯泡，上面画着一张脸。

治疗线索

她说：“让它吐。”于是我只好在它上面画上一

张嘴。

然后她拿起一个装满玩具的桶，把玩具倒了出来。她拿起一个圆心有孔的玩具，天知道是从哪儿弄来的。

“这是什么？我没有这个。”她拿起一辆小卡车，说：“这是什么？你知道巴巴车的事吗？”我问了她两次巴巴车是什么：“是小猪猪的车吗？是孩子的车吗？”我尝试进行解读，但她都没回答。

然后，我决定冒个险，我说：“婴儿就是从母亲的体内出生的。”她看起来松了一口气，说：“是的，里面是黑色的。”

似乎是因为说了一句什么话，她拿起水桶，故意往里面装满了玩具。

口部受孕（幻想用进食的方式获得怀孕）

我试着用不同的方式来解释这是怎么回事（当她认为我说了什么好的或坏的话，她总是会做一个手势来表达）。

她最满意的解释似乎是：这是温尼科特的肚子，里面不是黑色的。我说了一些关于“能看见有什么进入那里”的话，我还记得之前自己说过“如果想要生孩子，就要把桶装满，吃得饱饱的”类似这种话。

因为桶里玩具装得太多了，总是有东西掉下来。这是一个精心计划的效果。我解释说，这是一种呕吐的表现，正如她让我把电灯泡顶部的大嘴巴画出来所表示的那样。现在我开始看到发生了什么。

> 我：温尼科特是小猪猪的孩子，它非常贪婪，因为它太爱它的妈妈小猪猪了，它吃得太多

以至于吐了。

她：小猪猪的宝宝吃得太多了。（然后她说了一些关于坐新火车来伦敦的事。）

我：你想知道的新事情是关于“温尼科特宝宝”和“猪妈妈”的，关于温尼科特爱小猪猪（妈妈），吃小猪猪（妈妈）以及吐了的事情。

她：是的，是这样。

到这里，本次咨询的工作已经完成。现在她玩起了变脸的游戏。

非语言的交流和诠释

*她转动着舌头，我模仿着。我们在交流关于饥饿、味觉、嘴巴发出的声音，以及口部的感官享受等信息。*这让人觉得很满足。

我说过里面可能很黑。她肚子里很黑吗？

我：黑暗可怕吗?

她：是的。

我：你会梦到里面是黑色的吗?

她：小猪猪怕怕。

然后是一段时间的沉默，小猪猪坐在地板上，看起来非常的严肃。

巩固移情

最后我说：“你喜欢到温尼科特这儿来？”她回答说：“是的。”

我们对视了很长时间。然后她又回去把更多的玩具放进小桶里，关于呕吐的游戏就又可以继续了。她把电灯泡给了我。

她：多画点眼睛和眉毛。

以上这些信息已经很明显了，而我的讲述让它们的意义更加清楚。

然后她又拿了一个盒子，打开后发现里面有很多小动物。她马上翻拣着它们，拿了两只柔软的大动物：一只毛茸茸的小羊和一只毛茸茸的潘神（原文 faun，半人半羊的农牧神）。她把动物从盒子里拿出来喂，并给盒子里的小动物添加了一些其他玩具，还说："它们正在吃它们的食物。"她还用盒盖把饭盒盖了一半。

这是一种过渡性的现象，在我和她之间，有大的、毛茸茸的动物在吃它们的食物，而食物主要是由其他动物组成。我把这解释成她告诉我的一场梦：

"这就是我，从小猪猪的肚子里出来的温尼科特宝宝，从小猪猪的肚子里生出来的，非常贪婪、非常饥饿、非常喜欢小猪猪的温尼科特宝宝，他正在吃小猪猪的脚和手。"

在移情中，温尼科特是一个贪婪的、同类相食的婴儿

"乳房"这个词也在所有其他部分——客体中试用过。（我应该说"白薯"。）

小猪猪神色认真地站着，一只手插在口袋里。然后她径直走到房间的另一头，那是她和大人们在一起的地方。她久久地注视着橱窗里的番红花。接着她朝那把使她联想到母亲的椅子走去，却又转身走到那把使她联想到父亲的蓝色椅子旁。她坐在那里，说她像爸爸一样。

我又说起了温尼科特，小猪猪的宝宝。

我：你是妈妈还是爸爸？

她：我既是爸爸也是妈妈。

我们看着动物们吃食物，然后她开始玩咨询室的门。她试着关上它，但显然这不容易做到（当时门的钩子需要修补）。然后她打开门，走到候诊室的父亲那里。

希望父亲和我进行交流

我好像听到她说：“我是妈妈。”她和她父亲谈了很多，我什么也没做。

等了好一会儿，她拿着她那顶编织帽和父亲一起走了进来，整理好东西，这些举动象征着她认为该走了。

试探父亲是否有能力容忍她的想法

很显然，这个过程中充满了焦虑。然后她和父亲一起回到了候诊室。过了一会儿，她拿着外套进来说：“我马上就要走了。”

她又回了候诊室，我看了看我的治疗记录。五分钟后，小猪猪壮着胆子走进房间，发现我还坐在玩具堆里，靠近那只装满了玩具的桶。

小猪猪是不贪婪的，温尼科特无限贪婪

“它病了，一直在呕吐。”*她很认真地说，“我能要一个玩具吗？”我想我已经知道了该采取什么样的治疗策略了。*

我：温尼科特是个非常贪婪的宝宝，想要所有的玩具。

她坚持只要一个玩具，但我重复了我在这个游戏中被要求说的话。最后，她拿了一个玩具给候诊室的父亲。我似乎听到她说：“宝宝想要所有的玩具。”过了一会儿，她把这个玩具带了回来，她似乎很高兴我这么贪婪。

她：现在温尼科特宝宝有了所有的玩具。我要去找爸爸了。

小猪猪在扮演妈妈的角色

我：你害怕那个从小猪猪身上出生的、贪婪的温尼科特宝宝，这个宝宝喜欢小猪猪，而且想吃掉她。

她走到父亲面前，并试图当她离开时把门关上。我听到父亲在候诊室努力地想要让她感到开心，因为他不知道自己在这场游戏中处于什么位置。

我叫爸爸现在进入咨询室，小猪猪也跟着进来了。父亲坐在那把蓝色的椅子上。小猪猪知道她应该做点什么，于是她坐到爸爸腿上说："我有点害羞。"

过了一会儿，她给父亲看温尼科特宝宝，这个她生下的怪物，这让她感到很害羞："这个怪物是动物们吃的食物。"她一边坐在父亲腿上表演杂技，一边告诉了他所有的细节。

然后她开始了游戏中一个全新的、深思熟虑的新环节。"我也是个婴儿。"她宣布道，*头朝下倒在父亲两腿之间的地板上。*

从爸爸的身体里生出来，就像从妈妈的身体里生出来一样

我：我想当家里唯一的孩子。我想要所有的玩具。

她：你得到了所有的玩具。

我：是的，但我想当唯一的孩子；我不想再有孩子了。（她再次坐在父亲的腿上，重

生了。)

她：我也是宝宝。

我：我想成为唯一的婴儿（用另一种声音），我在生气吗?

她：是的。

我弄出很大的噪声，打翻了玩具，拍打着自己的膝盖，说道："我想成为唯一的孩子。"这让她非常高兴，尽管她看起来有点害怕，她对爸爸说，小羊爸爸和小羊妈妈在吃食槽里的食物。然后她继续回到游戏中说："我也想当小宝宝。"

这段时间她一直在吮拇指。每次说到她还是个宝宝的时候，都会从爸爸的两腿之间"生出来"并滑落到地板上，她称之为"出生"。最后她说："把孩子扔进垃圾箱吧。"我回答说："垃圾箱里是黑色的。"我在尝试确定谁是谁。

婴儿与加布里埃尔角色互换

我发现我才是加布里埃尔，而她是新生婴儿，一个接一个出生的新生婴儿，或者是新生婴儿的不断复制。

过了一会儿，她说："我有一个孩子，名叫Galli-galli-gall［参考加布里埃尔（Gabrielle）］。"（事实上，她的一个玩具娃娃就叫这个名字。）她继续玩着从父亲的膝上出生并滑落到地板上的游戏，因为她是新生的婴儿。而我必须生气，因为我是从肚子里面出生的温尼科特小婴儿，还是从小猪猪身体里出生的——我必须非常生气，因为我想成为唯一的婴儿。

"你不是唯一的宝宝。"小猪猪说道，然后一个接一个地生小宝宝，接着她说，“我是一头狮子。”还发出狮子的叫声，而我必须表现出害怕，因为狮子会吃掉我。这头狮子似乎是我贪婪欲望的再现，就像温尼科特宝宝一样，什么都想要，想要成为唯一的婴儿。

加布里埃尔会根据我的判断作出肯定或否定的回答，例如，她会说：“是的，就是（狮子）。”然后就有了一个狮子宝宝。

她：是的（发出很大的狮吼声）。

“我刚出生。妈妈的肚子里面也不是黑的。”

第一次从黑色恐惧症中解脱出来

在这一点上，我觉得自己以前的解释得到了回应，因为我上次解释说，肚子里的黑色与对妈妈肚子里新生婴儿的仇恨有关。她现在发展出一种技能：成为婴儿，同时允许我代表她（小猪猪）。[①]

现在情况有了新的进展。她开始用一种不同的方式，从父亲的头顶生下来[②]，这真的非常有趣。但我为她的父亲感到为难，问他是否能忍受。他回答说：“还好，但是我想脱掉我的外套。”他确实太热了。

幸好我们就在这个节点上结束工作，因为小猪猪已经得到了她想要的东西。“衣服在哪儿？”她问，接着就戴上帽子，穿上外套，高高兴兴地回家去了。

---

① 这位母亲评论道：“在玩游戏和解释之间，移情的运用是多么让人惊叹！”

② 被设想的，即，在头脑中作为一个想法而诞生的。D.W.W.

评论（咨询师解析）

以下是本次治疗的重点：

1. 呕吐象征着怀孕生孩子。

2. 怀孕意味着贪婪的口腹之欲，强迫性进食（分裂功能）。

3. 黑色的子宫，憎恨肚子里面的东西。

4. 在移情关系中，温尼科特成了遭受丧失的加布里埃尔，这样小猪猪就成了新生儿，并不断重复出生的体验。对父母的短暂认同。

5. 温尼科特=加布里埃尔=贪婪=小婴儿拥有各种权利。

6. 肚子（子宫）里面*不再是黑色*。

7. 被想象出来，即，在头脑中形成。心灵在大脑中被定位，就如同它是大脑一样。

母亲来信

小猪猪从伦敦回来后，并没有提起与您会面的情况，而是兴致勃勃地玩了一整天。总之，我们觉得，自从她上次来看您以后，她自由多了。她又开始自己玩耍，用我认为是她自己的声音说话。

在她跟您做完咨询的那天晚上，上床睡觉时，她告诉我："医生宝宝很生气，又踢又打的，但我没有把他扔进Sinni……（她纠正自己）丢进垃圾（即垃圾箱）里，也没有盖上垃圾箱的盖子。"

*半夜里她哭了，她说"小便的地方"（可能是阴蒂）受伤了，她不得不去看医生。我说它有点红，可能是因为她的尿布，也可能是有点擦伤。她说是她摩擦了它，因为它就像火车一样，让她在夜晚感到害怕。*它使她又成了黑色的。然后她又谈到了黑妈妈。

情欲兴奋和潜在的俄狄浦斯幻想

我忘了这个谈话是怎么开始的，只听她继续说，黑妈妈说："我的白薯在哪里呀？"——"白薯在马桶里，被水冲走了。"——"黑妈妈让我玩她的玩具，给我做了加葡萄干的烤蛋奶糊。"（事实上，我在做烤蛋奶糊时会放葡萄干，她非常喜欢。）她看起来很困惑，然后说："我生爸爸的气了。""为什么呢？""因为我太爱他了。"

（我对"黑妈妈"这种反复出现的"友善"感到

困惑。它似乎与看到的好妈妈和坏妈妈都没有关系。是她混淆了自己好的部分和坏的部分吗？安抚坏妈妈的主题在反复出现。）

第二天晚上，她在床上兴奋地说了很长时间，但我没有听清她说什么。

第三天早上，她对我说："我去伦敦看温尼科特医生，那里有很大的噪声。温尼科特医生很忙。他还是个婴儿，我也是个婴儿。没说黑妈妈的事。他还是个孩子，脾气很坏。黑妈妈对温尼科特医生很重要。"*然后她把一个安全别针插进一个水龙头旋塞里。"我用别针把它弄得更好。"*好像水又能出来了。

关于阴蒂自慰

她对我说："你是不是进来过，还说情况并没有好转？"我说："那一定是发生在你梦里的事。""你一定来过，还说情况并没有好转。里面很脏。"然后她又说了些话，是不是关于黑妈妈的事，我就没怎么听清楚了。

也许与心智功能有关

*最近我经常被告知黑妈妈来了，而且把我作为母亲这个角色也变成了黑色。*睡觉的时候，我还必须给黑妈妈和黑苏西宝宝打电话，谈话内容仅限于"你好"。

这让我想起，在她找您咨询的前一两天（她抱怨说会做关于黑妈妈的噩梦），我问她："你睡得好吗？黑妈妈来了吗？"——她回答说："黑妈妈没有出来，黑妈妈在我肚子里。"

母亲的另一封信

我们计划在4月中旬出去旅行，时间大约3个星期左右。

小猪猪一直受到“黑妈妈”的困扰。她一直做噩梦，以至于夜深了也不敢睡着。

“我没有告诉温尼科特医生关于黑妈妈的事，因为他很忙。温尼科特医生很忙，他还是个宝宝。我害怕告诉温尼科特医生关于黑妈妈的事。因为他脾气很坏，他还是个宝宝。我也是个宝宝。如果告诉温尼科特医生关于黑妈妈的事，我会很害羞的。”

她对黑妈妈的主要抱怨，来源于黑妈妈把小猪猪变成了黑色，然后小猪猪又把所有人，包括爸爸在内，都变成了黑色。

昨晚她再一次从“黑妈妈”的噩梦中惊醒，她让父亲“给黑妈妈一些葡萄干”（小猪猪特别喜欢葡萄干）。她同样被那个把她变黑的黑色苏西宝宝给惊醒了，就在前一天，她把苏珊推倒在地，这在一定程度上也疏远了大家。黑色的苏西巴巴相当频繁地出现，所以在她睡觉前必须给苏西巴巴打电话。（“苏西巴巴”指的是苏珊。）

小猪猪现在很少认为自己是妈妈或婴儿了。 更倾向做自己

在拒绝上床睡觉等事情中，她变得更顽皮，但通常的下场都相当悲惨。此外，还有一件事，“宝宝巴布兰（bablan）”——这是她写的所有信件和她画的所有图画上的签名，而且必须写在信封上。我不知道

这代表着什么意思。

我想我曾经告诉过您，小猪猪有个玩具娃娃叫“加比-加比”（Gaby-Gaby），我想应该就是“加布里埃尔（Gabrielle）”，但她还不太会念，发音不太准确。[宝宝Gobla（不是bablan），我认为是另一个版本的加布里埃尔，就像Galy-Galy或gali-gali——我不知道这两个版本有什么不同。]

一段时间后母亲的来信

小猪猪似乎很急切地要求见您。我说在我们去法国之前可能没有足够的时间，她情绪激烈地反对说：“有时间。”

今天早上醒来时她情绪暴躁，看见什么就撕掉什么，然后退缩到她的小床前，说要见温尼科特医生。接着她又钻进我的睡袍里（我当时正穿在身上），告诉我她梦见黑妈妈吃掉了她。然后她露出头来，问我关于她出生的事。像以前一样，我告诉她，她是怎样被毛巾裹着，然后被递到我手上的。

“你把我掉地上了吗？”——“我没有。”——“不，你就是这么做了，因为毛巾被弄脏了。”

她最近一直有点悲伤，我想是因为她长时间地和我们待在一起，这对她来说会有点压力。再加上周围也没有其他孩子可以和她一起玩耍。我一直想找一所能够让她一周去两个早上的幼儿园。可是大部分幼儿园都是整日托管的，那样对于她来说时间又太长了。

父亲来信

我们想请您对小猪猪的表现说一说看法。在过去的几天里，她一直处于焦虑不安之中，一直在说这样的话："我很担心。我要去见温尼科特医生。"当被问及原因时，她总是说这是因为"巴巴车"，"黑妈妈"或"黑妈妈的白薯（乳房）"。她也害怕黑色的苏西巴巴（= Susan）："是我把她弄黑的。"也提到了黑妈妈。睡觉前，她仍然反复念叨："黑妈妈说：'我的白薯在哪里？'"而且通常在第二天早上醒来后，她会要求喝她妈妈的奶。

几乎每天早上，她都想穿上妈妈的睡衣，或者要求用小毯子把她卷起来玩卷布丁（roly-poly）的游戏。她似乎深受"罪恶感"的折磨。 抑郁性焦虑

当她打碎或弄脏任何东西时，她会表现得非常担心。有时她会走来走去，用一种小小的、做作的声音自言自语："不要紧，不要紧。"有时候她不小心打到苏珊也会这样说，但她对苏珊的反应是非常灵敏的。她不喜欢我们给她买的衣服，因为"白色太多了，我想要一件黑色的运动衫"。*她说她应该穿黑衣服，因为她又黑又坏。*

我们昨天记录了她一天的活动，尽管这不是典型的一天。这一天她的情况比平时更糟，而且整天都和 黑色与罪恶感有关

我们在一起。在大多数日子里，我们早上会和一位叫“瓦蒂”的帮佣待在一起，小猪猪非常喜欢这名上了年纪的妇女。

这样的游戏在稍后的治疗中会出现

这天早上，她把她心爱的泰迪熊玩具递给我们，*泰迪的腿上破了一个洞，里面的填充物都被拿了出来，这让她感到很悲伤。*

一整天，她都在拼命地要求我们给她一些东西，这些东西平常我们都不会拒绝给她，但今天她好像必须打一场大仗才能从我们这里得到这些东西一样。她告诉妈妈她想结婚，当被告知“最好等一等”时，她反应强烈地说：“*不，不，我现在是一个大女孩了。*”*并暗示她已经长大，不适合玩玩具了。*

从不成熟状态逃到成年状态

到了上床睡觉的时候，又出现了一个新情况——这也是现在经常发生的事情：她说她害怕睡着后，黑妈妈便会到来。晚上10点，她把所有的床单都铺在了地板上。她下了床，坚持要坐在隔壁的椅子上。我说这把椅子是属于她的，不过需要一个靠垫。她说要“一个黑靠垫，这样我就可以坐在上面了”。——“就因为你是黑色的吗？”——“*是的。因为我把黑妈妈打成碎片了，这令我很担心。*”——“别担心。”——“我应该担心，我的屁股很疼。可以给我涂一些白色的药膏吗？”*最近，小猪猪一遍又一遍地重复着一些关于寻求保护的祈祷。*

因强迫性毁灭产生的罪恶感

用魔术幻想来抵御可怕的想法

补充：“我会把温尼科特医生的玩具清理到一边，以免我把它们弄坏。”这是小猪猪上次来看您时，在出租车上说的，我当时忘了告诉您。

第三次咨询
（1964年4月10日）

小猪猪（两岁零六个月）看起来不那么紧张了，整体状态基本稳定。看起来她离自己的焦虑又远了一些。事实上，我现在才真正意识到她以前是多么焦虑，就像一个精神错乱的孩子。我走进候诊室，发现她和她的“宝宝”在一起，那是一个带着尿布和别针的小娃娃。她很害羞，不敢跟我直接进入咨询室，所以我一个人先进去了。*然后我去找她，她给我看了一个袋子，里面装着从街上捡来的沙子和一块石头。*

开始她不肯进来，于是我说：“爸爸也进来吧（这正是她想要的）。”她把装着沙子和石头的袋子拿了进来，而没带上玩具宝宝。父亲坐在大人的座位上，有一半的时间他在帘子后面，和我们两人隔开。她直接去拿玩具，然后重复着和上次一模一样的游戏。

意味着对像成年人一样怀孕感到绝望

小猪猪：这是干什么用的？

我：这就是你上次问的问题，我说过的：“宝宝是从哪里来的？”

我问她那些石头和沙子：“它们是从哪里来的？”

小猪猪：从海里来的。

她拿了其他东西和水桶，显然什么都记得。她重温了所有的细节：

小猪猪：这是什么？一列火车、一个火车头、车厢、卡车。

她称其中一只为“小狮子”。然后她拿出了一个玩具小男孩。

小猪猪：你还有一个小男孩吗？

她找到了一个小男人和他的妻子。

小猪猪：我喜欢这个男孩。

她要我帮她把小男孩坐起来，然后她拿起另一个火车头。

小猪猪：我坐火车来伦敦看温尼科特医生。我想知道黑妈妈和巴巴车是怎么回事。

我：我们会尽力弄清楚的。

我讲到这里，然后就不说话了。她继续挑选着玩具，拿出一个北美原住民（蓝色塑料做的）。

小猪猪：没有一辆车是属于我的。

她把所有的玩具都拿出来，并排摆放着。

小猪猪：我想知道这是什么。你有船吗？我找不到任何地方让这个人坐。（一个塑料的小人）。温尼科特不要像个婴儿；就是温尼科特。

是的，它确实吓到我了。不再是个小婴儿了。

她显然是在试图重复上次的游戏。

小猪猪：我能把桶里的东西都倒出来吗？

我：可以啊。当温尼科特是个婴儿的时候，小婴儿生病了。

然后她谈到了装东西的卡车，接着是另一列火车。她拿了两辆一模一样的车进行比较，然后把它们放在一起。

我：这可不像小猪猪和小宝宝，因为小猪猪比小宝宝大多了。

她把许多玩具并排放在一起。

小猪猪：*这是什么？一个火车头。我坐出租车来的。你是坐出租车去的吗？两辆出租车。去看温尼科特，和温尼科特一起工作。*

设定我们在工作。这个阶段的游戏是交流，而不是娱乐

接着，她试图让我尝试吹气球，我想这是她第一次来访时和我一起没有完成的事情，而我并没有取得成功。她揉了揉手里的气球，给我看她的拉链，说："上上下下地拉。"然后她再次催促我给气球吹气。她说她有一支笔，可能是参照（唯一的参照）我写笔记时用的铅笔。这时她又发现了一个盒子里的小动物，这使她想要一只玩具狗，于是她伸手去拿。虽然这里没有狗，但她想起了上次看到的那两只大软动物。她把它们并排放在一起，然后把它们推到地板上（她称它们都是狗，尽管有一只是小鹿）。

小猪猪：有一只狗生气了。

对冷酷无情或强迫性行为的焦虑

两只狗都要去赶火车，她毫不留情地把它们压在了地板上。

小猪猪：你还有其他狗吗?

我：没有。

她给爸爸看了三节车厢。然后和他进行了一次谈话，她说了一些关于各种颜色的事情，然后她扔下玩具说："火车掉了。"她表示这是故意的，并表示这是在排大便。然后她向我走来，试图把那对矮小的玩具男人和玩具女人放进车里。

小猪猪：太大了，进不去。总有一天要找到一个尺寸合适的小男人。

我：用一个小男孩的玩具来替代爸爸吗?

她走到爸爸面前，开始把他派上用场，我拉开了隐藏这位父亲的帘子，让他成为游戏用品的一部分。她走到她父亲面前，他（知道自己又要经历一番辛苦了）脱下外套。父亲把她举起来，正好举过他的头顶（重复着上次玩过的出生游戏）。

小猪猪：我是一个小宝宝，我想要成为bryyyyyh……

我意识到，这意味着排便。

（这位父亲说，苏珊喜欢玩这个被举过头顶的游戏，而小猪猪对此也很感兴趣，经常模仿苏珊的动作，好像她以此来否认自己身体太重，玩不了这个游戏的事实。）

小猪猪：我是小猪猪。

渐渐地，她开始从爸爸的双腿间溜到地板上，仿佛是被爸爸生出来了一样。

小猪猪（对我说）：你不可以是一个宝宝，因为那会让我非常害怕。

她设法控制住了局面，*以确保她是在情境中玩耍，而不是真正置身于现实中*。上次咨询中她就置身于自己创造的情景中。

从初级思考过程到次级思考过程

最后，我说："我可以做一只脾气暴躁的小猪猪吗？"她回答说："现在可以。"于是我就这么做了，我的做法就是弄乱了玩具。然后她走过来把它们都捡了起来。

小猪猪：你怎么生气了？

我：我想成为唯一的宝宝，所以我生病了。妈妈有一个bryyyyyh婴儿。

小猪猪：妈妈没有bryyyyyh……，只是尿尿了。

然后她谈到了小猪猪的宝宝："我叫我的宝宝gaddy-gaddy。"（对比：加布里埃尔，Baby-baby，Galli-galli-galli）

父亲说这可能和加布里埃尔（候诊室里的那个洋娃娃）有关，她通过说*"Girlie-girlie-girlie（小女孩）"，并给单词赋予了额外的含义，帮助我们理解她说的话*。接着，她开始有了回家的想法（焦虑）。

"前性器期的怀孕设想"向"生殖器关注"过渡

我：这些事情让你感到害怕，因为我是一个脾气暴躁的孩子。

小猪猪：非常生气！（于是我也非常生气。我谈到了bryyyyyh宝宝。）

小猪猪：不，是苏西宝宝。

我：我（我=小猪猪=小婴儿）想要爸爸给我一个小宝宝。

小猪猪（对她父亲说）：你要给温尼科特一个小宝宝吗？

我说到关于小猪猪变得生气的事，小猪猪闭上了她的眼睛，不看那个已经变黑的妈妈，她对妈妈很生气，因为爸爸给了妈妈一个小宝宝。

小猪猪：晚上睡在床上，我非常害怕。

我：做了一个梦吗？

小猪猪：是的，一个梦，黑妈妈和巴巴车在后面追我。

这时，她拿起一个带有尖轴的轮子——它从一辆火车上掉下来了——她把尖轴车轮放进了嘴里。

小猪猪：这是什么？（可以说，她正在把玩具中唯一危险的东西拿出来，用嘴叼着它。）

我：如果黑妈妈和巴巴车抓住了你，他们会吃了你吗？

她一直在整理玩具，因为不能给一个玩具盒盖上盖子而苦恼。盒子里的东西实在太多了。

我：当你做这个梦的时候，爸爸妈妈在做什么？

小猪猪：他们和雷娜塔（Renata）在楼下吃花椰菜（雷娜塔是新来的女工）。雷娜塔喜欢吃花椰菜和夜宵。

小猪猪继续把一切收拾得整整齐齐。

我：我们已经弄清楚了黑妈妈和巴巴车的事情了吗?

小猪猪：没有，我想要我的小宝宝（洋娃娃），你能等我几分钟吗?

她一边说着话一边玩着门。

小猪猪：温尼科特好好待着，爸爸会照顾你的。对吗，爸爸? 如果我把门关上，温尼科特会害怕的。

我：我会害怕黑妈妈和巴巴车。

然后她尽可能地关上门，去拿她的洋娃娃。当她回来的时候，我说我害怕黑妈妈和巴巴车，但爸爸一直在照顾我。回来后，她和这个洋娃娃玩了很久，“打开”和“关上”这两个词现在指的是娃娃的尿布和它巨大的安全别针。父亲一直在陪着她玩。她花了很长时间才给玩具婴儿穿上尿布。

小猪猪：温尼科特，你想要个小宝宝吗? 稍后你就可以得到我的小宝宝了。

爸爸继续指导她如何给孩子换尿布。

小猪猪：别关上它（别针）。

然后，她和父亲秘密讨论了给这个宝宝（洋娃娃）吃蛋糕和派的问题。她说：“她是一个非常bryyyyyh的婴儿。”（意思是她拉屎了，并且正在换衣服。）然后，她过来给我看她的黑色大拇指，显然是被什么东西缠住过。然后她从口袋里拿出两把玩具伞，一把放在我的头发上，接着抱起玩具娃娃，又把两把雨伞插在孩子的头发里。她试着让婴儿坐在小椅子上，但随即又开始嫉妒娃娃，干脆自己也坐到椅子上。然后，她想让娃娃看看自己在镜子里的样子有多滑稽。

我：这婴儿是温尼科特。

小猪猪：不，是Gaddy-gaddy-gaddy。

她现在收拾好一切，准备离开了。她把父亲的外套拿来给他穿上，然后把袋子里的沙子和石头都捡了起来。

我：好吧，但是我们了解黑妈妈和巴巴车了吗？

用遗忘来回避混乱和焦虑

她看了看所有被小心归置好了的玩具，说：“巴巴车全部都被收拾好了。”在我看来，她好像在说巴巴车与属于黑妈妈的bryyyyyh（大便）和尿尿有关。而黑妈妈之所以是黑色，是因为自从爸爸给了她一个小婴儿以来，她就一直被憎恨着。

我仍然坐在地板上，而她和她父亲愉快地从前门走出去了。

评论（咨询师解析）

以下是本次治疗的重点：

1. 重复并延续上次治疗中的游戏，这与*延迟*的焦虑有关。

2. 发展出新的能力：*角色扮演*的游戏（从而应对）而不是*置身于*恐惧幻想之中——（a）减轻焦虑和增加距离；（b）失去了直接的体验。

3. 通过把危险的有尖轴的车轮放进嘴里来体验焦虑，暗示母亲对父亲阴茎的贪婪幻想。

4. 现在她的孩子（娃娃）让她成为一个拥有母亲身份的女孩=自体。

5. 围绕着爸爸给妈妈一个孩子的主题，在黑色与憎恨的基础上，一些问题得以解决，但也存在某种程度的理智化。

6. 黑暗被打包带走，也就是被遗忘了。

7. 重要的是我至今不*明白*，她为什么没给我提供线索，只有她知道这个问题的答案，当她明确恐惧的含义时，便也能让我理解她的恐惧。

母亲来信

我想给您说说关于小猪猪的事情，不过我想我丈夫已经在电话里告诉过您一些了。

自从上次做完治疗回到家后，她心情很糟，接下来的几天里发生了很多事情，尤其是上床睡觉的问题更加突出。不过现在她似乎又安定下来了。

她想当苏珊的孩子好几天了——这真是令人沮丧，因为苏珊没有回应。当被问及原因时，小猪猪说："我正努力*喜欢*苏西巴巴。"

在结束治疗后的一两天，她对其他孩子表现得很有攻击性。她有一个手套玩偶，她对我说："让他害羞，然后我就可以打他。"

治疗结束后的那个晚上，她告诉我："我害怕黑妈妈。我得再去找温尼科特医生，新的温尼科特医生。"她总是用这种正式的方式提出她的治疗要求，只有在上次去看你之前，她是用一种充满深情的方式呼唤："温尼科特，温尼科特。"

她说了好几次，因为黑妈妈的缘故，她必须去找温尼科特医生。"怎么，你没告诉温尼科特医生？""没有告诉，我告诉了他关于巴巴车的事。""婴儿就是从那里来的吗？巴巴蜡烛（babacandle），在烛光下。"

她抱怨说她尿尿的地方有点疼。“是你擦的还是尿片的原因？”——“摩擦了，因为它是黑色的。给我来点*白色*药膏吧，那样的话那里就会舒服些，这样我就可以再摩擦它了。”

我们看着黑暗从群山外袭来。“天黑的时候，我会害怕的。温尼科特医生不知道我怕黑。”——“怎么，你没告诉他？”——“因为我把所有的黑暗都收藏起来了。”

在治疗结束后的几天里，我确实变成了一个黑妈妈。她不相信我说的任何话。她打碎了好几样东西，尤其是她经常用来让自己成为“大糖宝宝”的糖罐，尽管这是被禁止的。她似乎对她所带来的任何破坏——即使是微不足道的——如果这些破坏不能被立即修复，她都会感到害怕。

从我的母亲来我家做客后，我的母亲就变成了那个黑妈妈，这使得小猪猪和我相处得很好。于是我就成了小猪猪，而她是妈妈。她现在不那么焦虑和小心翼翼了。

昨天有两段这样的对话。她说：“小猪猪，你喜欢我吗？”——我：“是的。”——她：“你还记得我打碎的盘子吗？”——她：“你喜欢我吗？”——我：“是的。你喜欢我吗？”——“不，我不喜欢你。你是黑色的，然后你会让我也是黑色的。”

母亲来信，国外休假时所写

我们想再给您写信，因为我们非常担心小猪猪，我们希望您考虑一下她是否需要做全面的分析——尽管我们还不知道如果她需要的话，我们该如何安排。

恶化，组织性防御僵化

最让我们担心的是她的体验太少了，*她似乎被禁锢在自己的世界里，无法接触到外面的真实世界*。除了不断想要的东西和她的外貌之外，她脑海中的记忆以及她的表现似乎全都停留在婴儿时期（通常是听说的，家庭故事），那时她还不会说话。

疾病已经成形，真实的自体被隐藏

她说话的声音越来越不自然，越来越矫揉造作，越来越不真诚。现在，她不遗余力地吸引人们对自己的注意，经常创造戏剧性的场景。

驱逐自己的邪恶

她晚上仍然非常害怕，现在睡觉前谈论黑妈妈的话变少了，但是晚上醒来好几次，有时还会哭。

她说，她哭泣是因为黑暗会使她变黑（有一次她走进我的房间，看我是不是黑色的）。到了晚上，她似乎还记得她在白天造成的所有伤害。（她现在有一种突如其来的挑衅行为，比如朝我的头扔石头，或者用盘子打苏珊的手。）*“苏珊的手疼吗？”“你的头断了吗？”“给我一根针，缝补我的毯子。”“你想修补我的头吗？”“我帮不了你，你太硬了。”*

抑郁性焦虑

还有一天晚上，她说：“你还记得医生用针扎我的时候吗？”（注射。）“我得去看医生，*我病了。这儿病了。”——指着她的私处。*

自慰幻想

假期结束后母亲的来信

我想告诉您更多关于小猪猪的事。

在某些方面，我不能确定，我感觉她在好转。*她曾经历过一段无聊的、无精打采而又不满的时期，有时还肆意破坏——把东西撕碎、打碎或弄脏。现在她给人的感觉更像是在过自己的生活，她不那么矫揉造作，也不那么不自然了。*

家庭环境为其提供了可以疗愈的环境

我以前并没有意识到，她对自己的破坏性有如此深重的负罪感和责任感。她以一种极其痛苦的方式提到了几周前的破坏行为，那时我几乎没有注意到她的痛苦。当她在商店里固执地试图掀起我的裙子时，我打了她一巴掌，然后我就忘了这回事。两个星期后，她说："妈妈，我不会再掀起你的裙子了。"还有一次，我抱着她的小妹妹苏珊，不小心把她撞到门上，她哭了。小猪猪："那是你的错。"我："是的，那是我的错。"小猪猪非常担心："你现在还会梦到这些吗？"晚上，她一如既往地担心黑妈妈和巴巴车把自己弄黑了。

最近，关于死亡的讨论变得很突出。昨晚她非常急切地想告诉我关于黑妈妈的事。开始时，声音还是正常的："黑妈妈说：我的白薯呢？我的白薯在哪里？"然后又说，"黑妈妈有海滨和秋千。"（我第一次带她去海边玩的时候，她喜欢荡秋千。）我说："你似乎不希望黑妈妈有这么好的东西，是吗？"她："是的，我想弄坏它们。我想把你的东西弄坏。”然后她说我有大白薯（指的是乳房），她想要它们。然后她好像搞混了，说我要她的白薯，她看起来很困惑的样子。我说她有小白薯，等她长大了，就有大白薯。

忧郁型抑郁

“是的，当我会做饭的时候就有了。”（我曾经告诉她我动作必须快点，因为要给爸爸和我自己做晚饭了。）

我说：“你已经会做饭了，你确实做了一个烤蛋糕。”她说：“是的，我只会煮死的东西。”然后她说：“生活是艰难的（重复我的话）。”“这伤害了我（她自己补充的）。”

“她偶尔会比较随意地提起你，例如，突然说她想去玩温尼科特医生的玩具，告诉他关于黑妈妈的事；或者造一座村子，其中的一所房子就是温尼科特医生的家。”

母亲来信

已经确定好了，小猪猪将会和她的父亲一起去见您。

她已经连续两天要求在晚上睡觉后吮吸我的“白薯”（乳房）。她非常强烈地想要，我只好答应了。

我：“为什么想吃妈妈的奶呢？”“我想像舔棒棒糖一样吮吸它们。”之后，她向我要了一些她可以吮吸和咀嚼的东西，然后把它们吃进肚子里了。后来她又开始害怕黑妈妈了，并想去找温尼科特医生。我问她计划哪天去，她说："后天吧，后天。"当我走出房间的时候，我听到她伤心欲绝的哭声："我想要我的宝宝，我的宝宝，我的Galli-galli-baby。"

Galli-galli-baby是她玩具娃娃的名字，过去她的很多游戏都围绕着这个娃娃进行，但现在不那么频繁了，这也是她念自己名字加布里埃尔（Gabrielle）的方式，她目前还不能正确地发音。

第四次咨询

（1964年5月26日）

我后来通过电话得知，加布里埃尔（现在已经两岁零八个月了）在火车上蜷在父亲的大腿上吮吸他的拇指。

来到咨询室后，她径直走到那堆玩具跟前，说道："这里很暖和。我们坐火车来的。你看过……"

有意识地寻求帮助——具体的问题

她先把小船放在地毯上，又去抓一只又大又软的狗。她正在把火车头和车厢连接起来。然后，*她不由自主地说："我是为了巴巴车来的。"*

我尝试帮她连接一些火车的部件。她以一种我不能理解的方式摆弄着玩具。她说："房间的窗户没开。"当我打开它时，她说："我们打开了这里的窗户。"

接着我们重新回到已经开始的游戏。

> 小猪猪：这是多好的一辆火车啊！我非常喜欢来这里。我是坐火车来的。爸爸正在等我吗？

两间房，爸爸一间，我一间。火车确实摇啊摇啊晃得很厉害。

她从一个小木栅栏玩具中抽出了一根木条，然后把木条从车窗塞进轿车，这是一次经过深思熟虑的行动。我说过关于一个爸爸想要生孩子的事情（把车当妈妈用）。她折断了两根木条。

小猪猪：房间真暖和！假日里天气很暖和。我们变成了棕色的，宝宝是棕色的，我妹妹苏珊宝宝是棕色的。*她确实爬上了楼。她现在尿在马桶里。* 转向客观性

我：她正在长大，不是吗？

说了些关于“成长”的事情后，她就开始玩开车的游戏。她说：“作为一个宝宝，可以把所有的车都开走。”她在这里跟那些车玩游戏，还给它们命名了颜色。

小猪猪：两辆小车，温尼科特先生，你是温尼科特先生！！

这里有些东西是她想扔掉的。

小猪猪：*你听到夜莺的叫声了吗？很遗憾你搬到这么远的地方。*（这与她刚刚开始明白的一个事实有关：她突然明白了我不是她的邻居。）你还记得吗？…… 浪漫与柔情：父性移情

我：你已经想要找我很久了。

小猪猪：因为我喜欢你把气球吹大。（这里有一只破旧的气球，她漫无目的地玩了很长时间，有时我也会帮她一把。）这里有一座有尖顶

的教堂。

她在教堂两头各放了一辆汽车。后来，她对一件她根本不知道的东西产生了兴趣。那是一个折断的、扁平的圆形物体，最初是一个嗡嗡作响的陀螺。

小猪猪：这是从哪儿来的？（这个东西第一次在咨询中出现。）

我：我不知道。

她面带微笑。摆放着玩具的摇摇车或许让人联想到摇篮。

小猪猪：房间真暖和！小猪猪穿了一件带拉链的棉毛衫。（为了说明这一点，她拉了拉拉链，用胳膊肘撞到了门上，发出了“砰”的一声，她觉得这种撞击很有趣。）

小猪猪拿了各种颜色的船，她说白船是粉红色的。她试图让船倒立，但这是不可能的。（模糊不清的游戏。）这时，我找了一个机会问：“你为什么喜欢我？”她说：“因为你告诉我巴巴车的事。”我和她谈过这件事，因为我说错了这个词，很明显我没有完全理解这个词。我想让她帮我弄明白这个词说的是什么。

小猪猪：这里有一个黑妈妈。

我们试图弄清楚这个黑妈妈是否生气。小猪猪正拿着一辆汽车来回行驶。我在这里重新介绍了一些东西，一些关于妈妈对加布里埃尔的愤怒，而加布里埃尔因为妈妈生了个新宝宝也感到生气。从此以后，妈妈看起来就是黑色的了，这一切都相当模糊。她独自玩着玩具，*把不同的车分给我或她自己。*

“我”与“非我”主题的第一个信号

小猪猪：我的鞋子太小了，我要把鞋子脱掉。

我帮她把鞋子脱了，她的脚正在成长中。

小猪猪：我正在长成一个大姑娘，（她接着说）pi pi pi（诸如此类，自言自语）。*有一位漂亮的女士在等车，一位好心的女士来接孩子。黑妈妈很淘气。*

这里的焦虑可能是俄狄浦斯恐惧所导致

她想找一个火车头，然后把它装到了什么东西里。在这里，她表达了一些关于“很大的人”和“ba ba（小玩偶）”的想法。

小猪猪：我们要不要把东西都收拾一下（焦虑）？把它们放到那里去吧。

她把一朵睡莲扔进了废纸篓。（这朵睡莲是别人用纸做的，是上个咨询的来访者留下的。）

拒绝接受我和其他孩子见面的证据

她收拾了所有的玩具，没有表现出明显的焦虑。她拿起鞋子，沿着走廊向候诊室的爸爸走去。我听到他们在候诊室里谈了几分钟。

小猪猪：我想走了，请让我走吧。

*我注意到她的人格有了相当大的成长，并且第一次出现了一种可以被称为沉着镇静的特质。*我想她是很开心的。她进来告别，爸爸劝她留下来，说：“不行，你还不能走。”

幼儿时的镇静特质——父母来信，1964年1月4日

小猪猪：我想要走了。

自我勇气丧失，又从丧失勇气的打击中恢复过来

我让爸爸坐在房间另一边的椅子上，她坐在爸爸的腿上。

现在她从爸爸的双腿之间出生的游戏又开始了。她玩了一遍又一遍。这对她父亲来说是一个很大的体力负担，但他还是下意识地完全按照孩子的要求去做。我对她说，她想和温尼科特单独在一起，又想和温尼科特玩把男人当作妈妈来生孩子的游戏时，她是感到害怕的，但父亲在这个时候起到了很重要的作用。这时*父亲的鞋子也出现在游戏中*，他们常常因为穿不穿鞋子而发生争执。

鞋子象征着乳房

很快他们就坐到了地板上，她紧抱着父亲。我趁机说道："我不知道巴巴车的事情。"

小猪猪开心地挨着父亲，跪在地板上吮吸他的拇指。（当时我还不知道她在来时的火车上也是如此蜷缩在他的膝盖上，一直吮吸他的拇指。）

在移情中，父亲被当作母亲，而我则成了其他角色

我说她害怕是因为我在游戏中变成了愤怒的小猪猪。这时父亲已经脱下外套，只穿了衬衣努力参与着小猪猪的游戏。

我：温尼科特是愤怒的小猪猪，小猪猪是爸爸而不是妈妈生出的宝宝。她很害怕我，因为她知道我一定会生气，而且新生的婴儿正在吮吸爸爸的拇指（也就是妈妈的乳房）。

她用一种特别的方式看着我，我继续说："我已经变黑了吗？"她想了一会儿，说："没有。"同时摇了摇自己的头。

我：我是黑妈妈。

小猪猪：不是（玩着爸爸的领带）。

通过提醒自己"这个母亲其实是个男人"来安慰自己

她不停地抽动和吮吸爸爸的拇指，我对此有一

个相当明确的解释，那就是她想要爸爸只是她一个人的，这个时候妈妈就会变黑，变黑就意味着生气。我好像说过：“她想把加布里埃尔扔进垃圾箱（危险的评论）。”*她的反应看起来很高兴，继续玩弄爸爸的领带，试图把它系起来。*

现在，父亲是真正的父亲

她说了一些关于假装黑妈妈不存在的事情，这和黑夜有关。这时她已经解开了父亲的另一只鞋，如果允许的话，她还会把他的衣服全部脱掉，与此同时，还伴随着把妈妈变黑的想法。*我随后又说了些关于爸爸生出了小婴儿的话。此时，爸爸在整理他的鞋子，而加布里埃尔正往他的背上爬去。*

另一个主题在发展：父亲是父亲，分析师是嫉妒的母亲

小猪猪：我能再爬上你的后背吗？

我继续说道：“让妈妈变黑。”*然后加布里埃尔非常肯定地说：“妈妈想成为爸爸的小女儿。”*

出现第二个主题，对话中的线索

她精力充沛，本想继续玩这种游戏，但爸爸受够了，开始说不。天气很热，我给她安排的时间也快结束了。

我：黑妈妈现在是温尼科特，她要把小猪猪送走。他要把小猪猪像睡莲一样放进废纸篓里。

咨询结束了，她表现得非常友好。而我待在原地，还沉浸在那个*想成为爸爸小女儿且对加布里埃尔又生气又嫉妒的*黑妈妈的角色之中，同时，我又是加布里埃尔，对妈妈生出的新婴儿很嫉妒。小猪猪（加布里埃尔）向门口跑去，他们走了，她挥了挥手，说的最后一句话是：“妈妈想成为爸爸的小女儿。”这句话是本次治疗中最重要的解释。

在这个阶段，我开始犹豫是叫她小猪猪还是叫加布里埃尔，因为这个名字已经含有了“我——非我”的意味

咨询工作带来的症状缓解

那天晚上通过电话，我才得知她在来时的火车上蜷缩着身子，吮吸着爸爸的拇指。这次治疗结束后，她变成了一个更成熟的女孩，自在且愉快。此外，她在回家的路上观察着一切，看见猫和其他动物、吃东西、不惹麻烦。*在与父亲的关系上，她变得开放且积极，并且很多退行性的行为都不见了。当天晚上她玩的游戏很有建设性，这是她最近少有的表现。*她叔叔到访后，一开始她表现得很害羞，但后来就变得友好。最后，在上床睡觉时，她突然说："我不知道谁是汤姆叔叔，谁是爸爸。"

我想，从这句话中可以看出，她让人们代表基本父亲和母亲形象的能力在不断增长，这涉及她是如何根据自己的想法来利用我和她的父亲，所以我们的角色随着游戏的改变而改变。换句话说，重要的是交流——被理解的体验。在这一切的背后，是一种安全感，这种安全感与真正父亲和母亲的现实情况有关。

可以说，现在的游戏体验领域更广了，包括交叉识别等。之前的强迫性行为中，有一系列*成为*母亲、父亲、婴儿等的行为，谈不上是愉快的玩耍，但现在游戏的乐趣出现了。这种幻想的释放，在交流和探索坏的、黑色的、破坏性的以及其他想法上创造了更大的自由。

评论（咨询师解析）

以下是本次治疗的重点：

1. 在来的火车上，小猪猪蜷缩在父亲的膝盖上，吮吸着他的拇指（咨询中，我并不知道这一点）。

2. 戏剧化的男性性虐待行为。

3. 观念自然成长，成熟。

4. 每次咨询之间，我们彼此的距离感（否认的结束）。

5. 母亲因为加布里埃尔是爸爸的小女孩而（对加布里埃尔）生气的想法，与加布里埃尔对爸爸生下的新孩子的愤怒叠加在一起。

6. 尿道性兴奋，阴蒂兴奋和自慰明显作为一些幻想形成的功能性基础，并作为搜索信息的一部分。

母亲来信

小猪猪已经好几次要求去见您了，昨天在她的游戏里，她开着玩具火车去伦敦。她建议和在伦敦附近的奶奶（叫la-la-la）住在一起。晚上，她大约花了三个小时才睡着。有几天她都不让我吻她，因为怕我把她弄黑。但她对我更有感情了，还会主动地吻我，这是她以前从未做过的。有天晚上，她说我是个好妈妈，然后就开始刮擦我的身体。她说她在把黑色的东西刮掉，然后把它从枕头上吹掉。

现在，每天晚上都有同样的仪式，她说："要我告诉你巴巴车的事吗？……黑妈妈说：'我的白薯（乳房）呢？'"有一次我不耐烦地问："那么，他们*在哪儿*？"——"在厕所里，有洞的。"她非常专注于白薯（乳房）。昨天她突然说："可惜我的白薯（乳房）里面没有奶水。"当我跟她说晚安时，她经常会扣上我的开襟羊毛衫，这样我的白薯就不会"变脏和死去"。她最近总是对"死了"的话题很关注。我曾经说过："你的白薯很快就会长大的。"——她说："那你的就会死。"

她跟您谈过以后，便下定决心再也不去伦敦了。当被问及原因时，她说温尼科特医生不想让我爬到爸爸身上。顺便说一下，当她还是个婴儿的时候，她从来没有在家里这样做过。倒是她的妹妹，苏珊，会攀爬爸爸的身体，而且妹妹的行为会让小猪猪也感到很快乐。

还有一次，她对我说："我试了好几次爬到爸爸身上。温尼科特医生说不要那样做。"她说温尼科特医生知道了巴巴车的事。

她去见您的那天晚上，她说她分不清汤姆和爸爸，汤姆是她深爱的叔叔，她只见过他三次。后来，她说："爸爸、汤姆和温尼科特医生都是爸爸，这真有趣！"她突然对爸爸说："温尼科特医生有一些有趣的玩具。"然后又说，"我分不清我的玩具和苏西巴巴的玩具有什么区别，非常有趣的玩具。"

最近她有一个幻想，连续两个晚上都在重复：*如果爸爸在厨房，玫瑰果糖浆的瓶子（非常受欢迎）和苏西巴巴的瓶子就会被打破，然后到处都是玻璃，小猪猪会踩在上面。*

男人在此的作用是攻击性，意味着对女性身份认同被打破的恐惧

实际上，她自己偶尔也会非常沮丧，而且还夹杂着肆意破坏和混乱。与此同时，*她还会做一些超出她年龄和身份合理范围内的事情，会做大量的洗涤和整理——这在我们这个非常随意的家庭中显得尤为突出。*

抑郁是个体自我完整的证据，倾向于承认自己的攻击性冲动。抑郁在幻想中隐藏着混乱，在行为上则表现为整洁

第五次咨询

（1964年6月9日）

加布里埃尔现在两岁九个月，苏珊一岁。

那天天气很热，我们把窗户开着，时刻都能感受到外部的世界。由于高温和困倦，我的记录比较模糊。

她正忙着玩玩具，孩子的父亲在候诊室里。她把玩具都拿了出来。

小猪猪：玩具都散掉了。我拿了一个。我有许多好玩具（摆弄栅栏）。你没有假期吗?

我：我会去度假的。

小猪猪：我有一个好妹妹，度假的时候她就睡在背包里。这么多的火车。为什么?（她在修火车，需要帮助，这真的很难。）我越来越大了。我快三岁了。你多大了？

我：我68岁了。

她重复了5次“68岁”。

小猪猪：*我喜欢你靠近我们（暗示我家和她家之间的距离太远了）*。我马上就三岁了，我是一个喜欢玩游戏的孩子——一个不会呕吐的好孩子吗？（这使人想到呕吐的象征：玩具溢出玩具桶代表着呕吐，她正在给一个人偶玩具做检查。）是的，我喜欢玩玩具。宝宝把我的玩具都扔掉了。

这也可能指的是年龄上的巨大差距

她试探性地把玩具摆成各种各样的形状（时而被路上的马车声打断）。她把教堂排成一排（听着外面鸽子发出“喔，喔”的叫声）。

打开窗户造成的影响——自我稳定性不足

小猪猪：可怕的噪声。

她在这里沉思了一会儿。

我：这些东西会干扰你的游戏。

小猪猪：我的鞋太热了。

说到这里，她解开了两条鞋带子。这个动作是由她自己独立完成的，这是一个相当了不起的技能。

小猪猪：我的脚趾——十个脚趾，全是沙子。

我：是在法国弄的吗？

小猪猪：不是。

一架飞机飞过，这又打断了她的游戏。她说：“我坐过飞机。”

她摆了四个房子，又摆了两个房子，并把两座教堂收了起来，诸如此类。焦虑开始以这种方式出现：她问“爸爸准备好走了吗？爸爸有点累了”（上次也提到过相同的话）。我回答说：“他在候诊室休息。”

这时传来了咬东西的声音，我问她用牙齿在咬什么。

小猪猪：你喜欢面包和黄油吗？

我：这就像吃饭一样。

小猪猪：鹅，鹅，呆头鹅（一直背诵着这句话）。这有一个有趣的玩具（又是一个旧的嗡嗡作响的陀螺的残骸）。我可不可以把它摔在地板上？

她猛地按在按钮上说：“我能听到水滴答、滴答的声音（意思是滴水，从楼上顺着管道流下来的声音）。”她接过水桶：“*这里玩具不多。我可以把桶装满吗？*”

疾病——强迫性贪婪所致

强迫性行为，控制分裂功能

这里我做了一个回应，*意思是可能感到饿了，如果把桶装满，可能就不会感到饿。但其实并不想吃饭，只是为了避免饥饿，才需要把桶装满的。她把房子排成一排，问：“谁住在这里？一个小个子男人，一位太太——温尼科特太太。”*

这时，她穿上一只鞋，并把鞋带系好：“我要回到我妈妈那里去了。”然后她说出了地址。我回答说：“这样你就能和爸爸妈妈在一起了。”她又玩了起来，仿佛焦虑已经过去了，这与温尼科特太太的事有关（这是她第一次引入了温尼科特太太的想法）。她把水桶倒空，然后把零碎东西放进废纸篓里。然后她用力咬了一辆玩具汽车的轮胎，试着把一个轮子装到车上：“温尼科特医生，帮帮我吧！”我们把两个轮子都装上了。她现在想知道怎样才能把一些船也装进玩具汽车里去。

我：当爸爸和妈妈在一起的时候，才能把它们装好？

小猪猪：太大了，宝宝现在太大了。

治疗被窗外的人打断了，接着是飞机的声音。小猪猪被外界噪声干扰时表现出焦虑，但开窗户是现实需要，今天的天气实在是太热了。这是个例外，总有难以排除的外界干扰。

这一切都含糊不清，也无法表达清楚。*我便任由它们这样发展着*。现在，小猪猪似乎又要谈今天的正经事了。她捻了捻她那完美的直发，说："*我的头发是卷的*。"[①]

我对此做了一个这样的解释：

头发卷曲的象征——婴儿

我：你想要一个自己的孩子。

小猪猪：但我已经有一个非常可爱的宝宝了。

我：不，我说的不是苏西巴巴。

小猪猪：小婴儿躺在我的床上。

我：在你的卷发里？

小猪猪：是的。

游戏又开始了，她拿起两艘船，把其中一艘放在脚边的鞋上。她想去找爸爸，让他看看那两艘船。

小猪猪：谁爱爸爸？是巴巴车和妈妈。

① 妈妈的话：苏珊长着一头卷发，每个人都对她宠爱有加。

她去给爸爸看那两艘船，准备关上门。

小猪猪：我半分钟内就回来，帮我把门关上。（关上门真的很困难，而且门需要修理了。）

回来之后，她让门上的猫眼开着，（然后）“吃”着这两条船。我说：“吃东西是为了生孩子。”

她把所有的玩具都收起来，然后把爸爸叫来。然后她说：“我们走吧。”玩具都整理好了，并放回了原来的位置。我对这个行为的理解是：“你害怕被发现你想通过吃船来生小宝宝。”

小猪猪：要我向爸爸问好吗？（她走出去又回来了。）我不会再回来了。

我能听到她父亲哄她回来，她来回跑着。爸爸走进来，坐在椅子上，我和他谈了一会儿，因为他需要和我交流一些信息。然后他们两人就回家了。

在这个咨询快结束的时候，我做了一个记录，尽管这些记录是粗糙和不完整的（部分原因是炎热的天气和我的困倦），但这一小时的重点是她通过吃东西来生下自己的孩子，这就是她这次咨询所做的工作。

评论（咨询师解析）

1. 炎热的天气及其后果。

2. 卷曲的头发和我的诠释。这似乎是一天工作中最重要的事情。她在前性器期的幻想中怀上了自己的宝宝。

3. 通过进食来生孩子——与此相关的焦虑。

4. 从妈妈乳房到爸爸阴茎的发展（成熟）过程。

5. 关于温尼科特太太的出现。

母亲来信

自从小猪猪拜访您以后，每天晚上关于黑妈妈的、冗长的陈词滥调几乎就停止了，她似乎也不害怕睡觉了。

有一次，她再次谈到了黑妈妈，说："带我去见温尼科特医生，他会帮助我的。"我当时试图阻止她，便说："可是，他已经帮过你了。""是的，但是我把黑妈妈收拾好了。"我只是"嗯"了一声。然后小猪猪说了一些关于废纸篓的事，还有一个关于感受的梦。您可能会知道这是怎么回事。

有两次她非常急切地要求吮吸我的乳房，而且她似乎非常特别地享受这个时刻。当她说到"我的"和"你的"的时候，会在所有格上把它们弄混。

在一次关于她虐待妹妹的争吵后，她吻了她的父亲和妹妹，然后对父亲说："不要吻我，你让我变成黑色的。爸爸，黑色是什么？"

我丈夫并不太清楚您是如何看待小猪猪的，上次咨询结束时，由于小猪猪在场，他无法和您进行自由的交流。

您告诉他，小猪猪和您在一起的交流是"正常的"，与此同时，你们之间的互动也会产生精神分析的主题，我不确定您是否认为小猪猪有必要进行常规的精神分析。是否因为您和小猪猪只经过几次访谈，所以无法让事情在足够深入的层面上进行，因此给我们推荐这位医生[①]（被您督导的那位医生）？还是只要我们（家长）没有过于焦虑，就只需要维持现在的治疗，不需要更加深入的工作?

我有一种倾向，喜欢让事情按照自己的方式发展，除非的确必要，否则不干涉。

当她蜷缩起来吮吸拇指，或者坐着胡言乱语、什么都做不了的时候，她仍然会突然显得抑郁。在其他方面，她看起来好多了，也更有活力了，但我无法评估：她是否有机会恢复到小妹妹出生前的那种健康状态。她似乎会突然表现出令人痛苦的变化，而且很快就长大了似的，有点不符合逻辑。

我不知道在没有进一步帮助的情况下，她是否能知道在她的成长过程中错过了什么。也许她现在已经知道了，但我无法做出判断，也或许无论发生什么，她永远不会知道。

写给母亲的信

谢谢你的来信，我正准备给你回复呢。我知道我

① 在我对加布里埃尔进行治疗的期间，一个被我督导的分析师想了解关于3岁小孩的事情，我考虑过把这个案例提供给他做参考。这有些不正常，让我感到内疚，所以当我向她父亲提出这个事情时，我变得有些混乱了。然而，在经过深思熟虑之后，我认为这种“按需咨询”的治疗方式并没有改变孩子正在接受精神分析的事实。D.W.W.

那天对你丈夫说的话有些模糊不清。事实是，我的良心有些不安，我必须澄清的是，不是我阻止对小猪猪进行全面的精神分析。如果你们来做治疗像住在伦敦一样方便的话，可以做这样的安排，也就是说，如果往返方便的话，那是可以做全面的精神分析治疗的。但我相信，你们来伦敦并不容易，而且频繁的旅行也会带来太多的麻烦。所以，最好按照小猪猪的成长节奏做自然恢复，结合时不时地来找我，然后我给予一些帮助。

如你所说，小猪猪是一个非常有趣的孩子。你可能宁可她不那么有趣，但她就是这样，我想她很快就会安定下来，成为一个十分正常的人。我认为很多孩子都有这样的想法和担忧，但它们通常没有被很好地表达出来。而小猪猪的情况则有些不同，这与你们对童年问题的清晰意识和对童年问题的宽容态度有很大关系。

我非常敬佩小猪猪的父亲，他能够忍受小猪猪对他的各种要求，而且很多时候，正在发生的事情对他来说，一定谜一样无法理解。

母亲来电

抑郁性焦虑

小猪猪好了一段时间，但她（现在）又变得抑郁和无精打采，*晚上睡不着觉，一心想着与死亡有关的事情*。她做了一个梦：梦里没有种子发芽，或者只有一点点种子发芽，因为种子里面有不好的东西。

母亲后来的评论

这个死亡主题是否与她必须“整理好”的那部分自我有关？也就是需要“让她死去”的那个部分，比如贪婪和嫉妒的部分？

我感兴趣的是，有多少次，她是通过让温尼科特医生一个人待在咨询室里，而她自己去到另一个房间里并关上房门的方式，把温尼科特医生“整理好”的？[①]

① 为了能够忘记，这样做有它的用处。D.W.W.

第六次咨询
（1964年7月7日）

来访者现在两岁零十个月。我在门口向她打招呼："你好，加布里埃尔。"我知道这次我必须叫她加布里埃尔，而不是小猪猪。进入咨询室后，她马上去看玩具。

我：加布里埃尔又来看我了。

加布里埃尔：是的。

她把两只大的毛绒动物放在一起说："它们在一起了，彼此都很喜欢对方。"她还把两节火车车厢连接在一起。

自我关联性的概念

我：他们正在生小孩。

加布里埃尔：*不是，他们是在交朋友。*

她还在拼装小火车，我说："几乎每次来的时候，你都要连接火车车厢。"她回答说："是的。"

显然，对于火车车厢连接的行为有很多解释，你可以根据自己当时感觉最合适的方式来使用它，或者表达你自己的感受。我提醒加布里埃尔，上次我对卷发的解释和小猪猪有自己的宝宝有关。

加布里埃尔：我想过这些事情。

然后，她（以某种方式，相当清楚地）区分了“讲述”和“展示”（让我想起了《窈窕淑女》中的那首歌《展示给我看！》）。

我：你是说展示给我看比讲述给我要好。

加布里埃尔拿着一个小瓶子，并弄出瓶里像是有水一样的声音：“当你溅起很大的水花时，里面的水就会绕成一个大圈。”她口齿不清，有时很难听懂她在说什么：“我在外面（指花园里）有一个小水池，还有两个温室。一个是我们的大房子，一个是我的小房子。”

我：那个小房子是你自己。

加布里埃尔：是你（这句话她说了3次，然后又说），只是加布里埃尔，只是温尼科特。

她把两节车厢连在一起。

我：加布里埃尔和温尼科特成了朋友，但加布里埃尔还是加布里埃尔，温尼科特是温尼科特。

加布里埃尔：我们找不到我们的猫了，但我看见有只猫在散步，还有一只猫在到处跑。是什么推动了这一切？

我帮了帮她，她说：“温尼科特手拉手。”

这里有一种身份的建立。

她正在处理融合与分离之间的界限

我解说了加布里埃尔和她与温尼科特、爸爸、妈妈，以及苏西巴巴的几种关系。加布里埃尔发出了加布里埃尔的声音，说："苏西巴巴发出了wa的噪声。"然后又发出用手捂住嘴的噪声。

她被这些嬉戏逗乐了，用手在嘴边忽上忽下，还用这种方法发出了放屁的声音，我说："也许那是加布里埃尔的噪声。"然后，她就用一种容易辨认的、很有特色的方式说话了。我说："这种说话方式和爸爸有关。"在其他时候，当她强烈地认同她的父亲时，她也曾用这种特殊的方式说话。

加布里埃尔：别这么说（但我们接着讨论到了爸爸），苏西宝宝还不够大，不会说话。这个好玩的东西是什么？

她举起一个系着绳子的把手，想让我把它安在火车头上，这样她就可以在房间里拉着它了，她对此感到很高兴。我解释说，这是她记忆中的婴儿加布里埃尔，她说："不，是一个小妹妹。"接着又突然说："看看这幅可爱的画。"（这是一个六七岁很严肃的女孩的画像，非常老式，我一直放在咨询室里。）

有意识地依赖自然的成长过程

"是一个比我大的女孩。就像我比苏西宝宝大一样。她（苏珊）现在不用扶东西就能走路了（她示范了苏珊走、跑、走的样子，然后摔倒了）。她也能站起来（也示范了摔倒后自己爬起来的样子）。"

我：所以她（苏珊）现在不需要妈妈了。

加布里埃尔：是的，很快她就会长大，不再需要妈妈和爸爸，而加布里埃尔也会适应没有温尼科特或者没有任何人的生活。有人会说："你在做什么？"这是我的地盘。我想去你的地方，别挡道。

她正在用《城堡之王》的游戏[1]来说明加布里埃尔正在建立自己的身份，并期待着这个身份受到挑战。现在，她拿出两节车厢，互相摩擦着。

我：他们是在生小孩吗？

加布里埃尔：是的。有时太阳出来的时候，我会举起双腿，仰面朝天躺着。这不是在生孩子。我穿着太阳裙和白色短裤。

她展示了仰卧的姿势，双腿翘在空中晒太阳。

加布里埃尔：我有一双新的鞋子。（不是指她现在穿的那双。）

以人与人之间一种性交形式进行幻想自慰

她解开一只鞋子，脱下袜子，做着“穿上，脱下”的游戏。她想让我看着她玩，看她的袜子，用她那肥嘟嘟的脚后跟挡住袜子上的洞。

我：你正在向我展示一个大大的乳房。

加布里埃尔：像脚一样。

她解开另一只鞋，给我看另一只脚后跟。她拿这一切玩闹着，仿佛她的一只脚在她设计的某个游戏里消失了似的。

加布里埃尔：从一开始就完全迈错了脚（这是个笑话）。

她换了袜子，走到装玩具的桶那儿。我说：“加布里埃尔吃光了世界上所有的东西，所以她吃得太多了。”（但当时桶里的玩具还没满。）加布里埃尔回

① 温尼科特（1966），精神–躯体疾病的积极和消极方面。Internat.J.Psycho–Anal.，47:510–516.

答说："她没有呕吐。"

表现出不成熟性和相对的独立性

她脱了一只鞋，玩着把袜子脱下来的游戏。袜子和鞋子的游戏对于她很复杂，但她非常熟练地坚持着，不过没有成功。

我：是不是感觉很困难？

加布里埃尔：是的，有点困难。

我：加布里埃尔还是不能完全做到离开妈妈，也不能完全成为一个妈妈。

于是她来到一辆大火车玩具前，她说："我希望我们不要来得太早。"然后她谈到了她和她父亲早来的原因。为了不至于来得太早，他们实际上已经逛过商店了。

我觉得现在需要我帮她系鞋带，这对她来说是困难的，她允许我这么做了，同时也允许我帮她系上另一根鞋带。

加布里埃尔：我听到了一声巨响（真实的）。

我：有人生气了吗？

身份变得更明确

加布里埃尔：*没有，这是苏西宝宝发出的巨大声音。*

然后她低声说她要去看她爸爸，她轻轻地打开门，转身又关上了。很快她就独自一个人回来了，不再需要爸爸的陪伴了。她正在把玩具收好。

加布里埃尔：玩具都被弄乱了。你想说点什么吗？

我：谁？

加布里埃尔：温尼科特医生。

她把那些又大又柔软的动物（毛绒玩具狗）收了起

来。整理过程非常细致，按照玩具的种类进行整理。

加布里埃尔：哦，上衣的领子掉了，没关系，妈妈在家呢。

然后加布里埃尔把所有的东西收拾整齐，对我说："你有一个放玩具的好地方！"（事实上，一堆玩具随意地放在书架下面的地板上。）她找到一两件散落在其他地方的玩具，把它们收了起来："我把我的放在外面的废纸篓里。"

她走出了咨询室，现在周围已经没有散乱的玩具了。她和她父亲在外面的候诊室里待了一会儿，告诉他她刚刚做了什么，爸爸也回应着她说的事情，然后她把她父亲领了进来，对他说："我想要你也进来。"但爸爸没有照做。他说："你自己去找温尼科特医生吧。"

时间已经过去了四十五分钟，我已准备结束这次治疗了。父亲说："不，不，我不进去，你去找温尼科特医生吧。"

加布里埃尔：不，不，我不。

我：进来吧，咨询也快结束了，进来待一会儿吧。

她进来了，显得非常友好。

她问我是否要去度假以及我将怎么度假，我说我要去乡下玩一玩，以此来享受我的假期。治疗结束后，在离开时她问我："我什么时候可以再来？"我回答说："10月份。"

这次治疗的一个重要细节，是通过"城堡之王"的游戏建立身份，以及从融合中分离的体验。

评论（咨询师解析）

1. 我知道她一定要被当作加布里埃尔来对待了，一定要叫她加布里埃尔。

2. 身份主题的逐步发展。

3. 对“城堡之王”游戏的陈述。

4. *部分客体*导致有关乳房的想法（“穿和脱”的游戏）。

5. 从贪婪转向了食欲。

6. 从混乱到整洁，预示着混乱的主题即将到来。

母亲来信

她晚上又睡得很好了。她对（这次）咨询过程的唯一评论是："我想告诉温尼科特医生我叫加布里埃尔，但他已经知道了。"说这话的时候，她感到很满意。[①]

父母来信，母亲主笔[②]

我不知道为什么我觉得给您写信很困难，也许我和加布里埃尔混在一起了，没有完全分开，但我希望这事能自行解决。

加布里埃尔似乎一直表现得很好，我的意思是她能够把精力放在外界，做一些对自己有意义的事情了，她也可以享受她拥有的任何机会了。

她不那么害羞了，但还是很难与其他孩子相处，尽管她很想和他们好好相处，这个过程中她感受到很多挫败，非常失望，她的痛苦很大程度来自被拒绝和

---

① 从这个细节可以看出，我在门阶上迎接她时获得的第一个信息是多么重要，我知道我必须叫她加布里埃尔而不是小猪猪，或者与她众多角色中的一个或另一个有关的名字。D.W.W.

② 这里就不报告电话交谈的内容了。

幻想的破灭，因为她对和小朋友们相处报以很高的期望。

她和她的妹妹相处得非常好，尽管有一些突然的攻击——比如在街道中央把妹妹推倒，并声称她厌倦了这个小妹妹。除了这些行为之外，她对妹妹还是比较好的，而且带有一种富于同情心的理解，让我印象深刻。

在我看来，她仍有很多虚假的幻想：我不知道她自己在多大程度上被这种幻想所蒙蔽，也不知道这种幻想在多大程度上其实是对好奇她的父母的一种合理防御。[①]

只是最近几天，她开始又睡不着觉了，而且又开始谈及黑妈妈的话题了，一直在说要去看温尼科特医生的事。她似乎非常执着于被毒害的幻想；她坚称吃了一颗有毒的浆果，并且告诉我们她的病会有多严重。她还坚持说她的“brrr”（大便）是卡在体内的，尽管她没有遭受身体便秘的痛苦。但这一切并没有在夏天剩下的时间里显现出来。有您的电话号码对她来说意义重大。

您似乎给她带来了很大的改变，当她眼看要进入一个使人衰弱的恶性循环时，您又让一切重获新生。现在看起来她更像苏珊出生前的那个坚强的小女孩了，而且某种程度上，她正常的成长似乎被重新启动。

---

① 这跟我对黑色现象的不理解和无知有关系吗？D.W.W.

我写给父母的信

我收到了加布里埃尔寄来的明信片。我想你会希望我再见到她，当然我也会为她预留时间的。不过，如果你觉得隔几周再见她更合适的话，我希望你能及时告诉我。

从我对加布里埃尔的了解和你的信中，我确实觉得我们不能只从疾病的角度来看待她，她身上其实有很多健康的东西。也许您可以让我知道，您想让我做什么。

（这时我想起了自己有一个习惯：我没有为下一次的治疗预留出时间。但同时我也认为，这些父母因为一些特殊的原因，导致他们并不相信儿童的自我成长与自我发展的功能。事实上，孩子在成长过程中是有可能不依赖治疗也能获得成长和发展的。）

父母来信

谢谢您的来信及会谈的邀请，我们很高兴，也将准时赴约。

我们也觉得加布里埃尔不能再被认为是一个病得很重的小女孩了，她的很多方面似乎都恢复了活力。然而，也有一些非常明显的痛苦和焦虑，有时会导致她隔离自己的内心感觉——因此，她过着一种言语非常清晰，但情感很匮乏的平面生活。

从我们上次给您写信开始，她又出现难以入睡的情况。本来在过去的大半个夏天里她的睡眠都很好，但现在她经常睡三到四个小时就起床了。

现在她有了一个“友好的黑妈妈”，她会为小猪猪剪指甲（您可能还记得，当她感到痛苦时，她经常在晚上抓挠自己的脸，最近她又这样做了）。然而黑妈妈却用切肉刀切下了她的拇指。但她说，她会告诉温尼科特医生黑妈妈已经不见了。

现在她非常担心我和她父亲死掉的事情，说起这件事的时候，她语气空洞，面无表情。她对妈妈说：“我希望你死了。”——“是的。你也会感到遗憾和伤心的。”——“是的。我会把你的照片放在我的手提箱里。”

她暗示了父母之间发生的最令她恶心的事情，当她看到妈妈换衣服洗澡次数比平常多的时候，就会表现得非常震惊和不安。虽然这些都只是生活日常，但她的痛苦表现和随后对感受的刻意隔离，以及晚上为这些问题的担心，似乎都在向我们表明她可能还需要一些帮助。

我们带她去了一个托儿所，就像我们曾经告诉您的那样，在那里，她很难融入和小朋友们的关系里，尽管她看起来很想和他们一起玩：“妈妈，拿本书来。我感觉很无聊，我不知道该做什么，我谁都不认识，我也不想让任何人看见我。”

2

不是医生温尼科特，是小宝宝温尼科特

第七次咨询
（1964年10月10日）

加布里埃尔（现在已经三岁零一个月了）和她父亲一起来了，她径直走向咨询室的玩具。当时我坐在地板上，她的头碰到了我的胳膊肘。她拿了一个又大又软的玩具。

加布里埃尔：我从摆一排房子开始吧？你听到我的铃声了吗？我按了三次门铃。温尼科特先生[①]，这是什么？

我：是卡车。

加布里埃尔：哦（她开始将卡车与一些东西连接起来）。所有的麻烦都过去了，所以我没什么可告诉你的了。

我：我们的加布里埃尔没有任何麻烦了，只是加布里埃尔。

① 从这里开始，温尼科特以一个非治疗师的身份反复出现。

加布里埃尔：有个黑妈妈困扰着我，但她现在已经走了。我不喜欢黑妈妈，她也不喜欢我。她老对我胡言乱语。

她把一长排房子排成一条比较直的S形曲线，两端各有一座教堂。然后她拿起有人脸的电灯泡说："我都忘了这个。"这些东西与当初她对新生儿的出生感到愤怒有关。她说："一个小女孩和一个大女孩正走进教堂里。"这里有一些没有被准确记录的游戏过程，似乎与给玩具狗和玩具牛喂东西有关——S形弯道两端的房子都被这些东西搅乱了。

加布里埃尔：现在我们要修一条铁路。

她从纸袋里拿出两块石头，这是以前她带过来的，袋子里面还有一块比较大的石头。这块大石头和黑妈妈有关。当时她把大石头和两个小石头联系在一起。

加布里埃尔：温尼科特先生，你为什么没有更多的小火车呢？

她又在玩具里找了一会儿，终于找到了。尽管她知道这些东西的来历，但还是问我："温尼科特先生，这些东西是怎么来到这里的？"

她正感受着自己内在的真实体验，我只是模糊地感知到其中一些细节，也可能是对我休假的抗议

现在有了汽车、一条路和另一块石头。她把它们扫在了一边，说：*"这列火车拉着两列火车，现在拉着……更多的船，火车。"（她用一种令人难以理解的方式自言自语，弄出很多噪声。）*

过了一会儿，她看着我微笑，似乎*想用这种退行的状态和那些我听不懂的语言来作为对我的回应。*

在游戏时的某个时刻，她把一列火车放在一艘船上，这在某种意义上是荒谬的，因为玩具火车比玩具船大得多。

> 加布里埃尔：你喜欢我的玩具吗？我是喜欢的，它们像法国的玩具，不是吗？我们去过法国。*在法国我不想要任何人和我在一起。*

这时她正在玩那辆小小的木火车，她拿起几辆火车，按放射状排列，并数着：1、2、3……她把一根棍子往地毯里推，想让它立起来，但它立不住，我帮了一点忙，然后跟着火车往前走。*她把拖拉机和马车一起扔向我，还差点打中了我，因为她不想要它们了。*

回到退行状态

她现在安排玩具时显得非常慎重。我和她之间以一排S形的房子为界，房子两端各有一座教堂，她的一侧是她自己和许多代表她自己的物品；我在S形房子的另一侧，还有她扔给我的拖拉机和其他物体。这是一个非我的象征。这绝对是一次意义明确的交流，表明她已经完成了和我的分离，自体的部分已经开始建立了。与此同时，这也是对再次入侵的一种防御。有时候，会有一些越过边界的行为，她把一些车从她身边一直开到我这边，还说着："没人知道是怎么回事……"之类的话。

向外释放攻击冲动，攻击行为指向我

她显然觉得发生了什么事情，因为她开始唱歌了。当我说到她的内心世界时，她说这些东西是"藏起来的"，以此来结束这句话（我特别指出这是她自己的表达）。她自言自语地说："一个小男孩必须和一个小女孩放在一起，陪着这个小女孩。理查德是我的朋友，还有萨拉（还有其他一些女孩的名字）。”

现在，由房屋和其他玩具组成了两条线，在一端会合。一个女孩叫克莱尔[①]。我想这和夏天度假有关，她告诉我克莱尔住过的一个地方。

加布里埃尔：那是我有时去的地方。不过现在我不去了。

她告诉我那里现在流行着腮腺炎，这使她不能去那里。

加布里埃尔：虽然我想去，但我不能再去了。我看不到他们，他们也不能来看我，我不知道该怎么办。所以我去学校玩，我喜欢去学校。*因为流行性腮腺炎，一切都受到了影响。他们不能出去，也不能洗澡。*他们想这么做，但他们的腮腺炎不允许。妈妈担心我会被她传染感冒，所以妈妈说“不”，她也确实是这么做的，我非常担心……我不知道该怎么办。

隔离的主题和“我与非我之间的防御边界”是一样的

我：我不明白（我从身份建立的角度进行了解释）。

加布里埃尔：那艘漂亮的船哪儿去了？我把船放哪儿了？（我们找了找，但没找到。）它们可能在桶里吗？不，它们不可能在那儿，你看看我的脏手（她手里拿着船）。但是其他船在哪儿呢？我想知道它们去哪儿了，这是另一个。我以

① 可能是一个巧合，克莱尔是温尼科特太太的名字。

前知道船在哪里的。我曾经习惯了你，但是现在不习惯了。我长大了。它们边走边说话。

有些话题是关于孔雀的。

孔雀=温尼科特

加布里埃尔：但是它们不明白。总是咩咩地叫着。孔雀只是摇着头说不。它们从来不说“哦，亲爱的”。

加布里埃尔唱了一首歌来说明“哦，亲爱的”的用法。然后，她朝她自己的方向摆放了一列小船，“谁会坐这些船？”她唱着一首和船有关的歌，接着又摆了几条船，我摆了几块木头，说：“我们制作了这些船。现在我们来收拾一下。你为什么要给我这么多船？这很好玩。”

她继续着自己的游戏，让面前的许多小船离开她驶向远方。在更远的地方，*有一排类似的汽车摆在她的那一边，有很多其他的东西把她和拖拉机与我隔开。在她这一边的所有玩具都被小心地安排好了，这样它们就不会相互接触。*

她在唱着歌，歌的内容是自己拥有各种颜色的汽车。

防御：阻断，生与死之间迥然不同的内在客体

加布里埃尔：这根绳子是干什么的？我们把它放在这里吧。

我只好把它剪断，好让它的长短正好合适。然后，她拿起绳子系在火车头上，拉着绳子另一头穿过了整个房间。

加布里埃尔：剪刀在哪里？（她看见我用剪

刀剪断绳子。)

我：我把剪刀放到楼上了。(但通常我是把剪刀放在口袋里的。)

她接着返回到了玩具堆那儿。

我：你又要准备走了吗？(因为我看见她正在整理玩具。)

加布里埃尔：这些房子要放在哪里呢(等等)。

她给了我一辆火车，并开始向我(这边)扔东西，因为我是在屏障(S形线)的另一边。“这些玩具是你的，”她说了好多次，“*在这儿。*”

温尼科特在那里

她表示在现在的游戏中，我被关在盒子里。她还给了我一些东西——一些她喜欢的东西。

加布里埃尔：当我再回来时，我希望看到你把一切都收拾好了。

她似乎摆脱了什么，于是我记了下来：“终于自由了。”这些情况跟巴巴车有关。她说：“等一下，现在我来清理一下，这些是我们的。”她小心地把车收起来，“我不想弄坏它们。”她数着火车问：“哪种火车最好？”接着，她把它们都放得整整齐齐的，说：“把玩具收拾整齐。”

通过超我的建立来接受和管理焦虑

然后，她走到石头跟前说：“现在要把妈妈收拾好。温尼科特先生，这事该怎么办？”她接着说，“要好好收拾这些玩具啊。”

她用放洗眼液的杯子玩着游戏，说：“谁把黑暗的东西放进玩具里？”整理工作快完成了，她拿起那捆绳子，把它放在桶里。

有一个箱子，里面装满了各种各样的零碎玩具，她问：“这是我们的。这个放哪儿呢？现在有点整洁了。”还剩下一个盒子，她把这个盒子也放整齐，然后说：“现在要整理一下垫子。*这地毯的料子真好！是谁给你的？硬邦邦的地毯（细灯绒布条织的，上面是“很好”的东方垫子）不是很好。只是为了保证地板的安全。这个垫子材质非常好，还有这个（走到椅子旁边）和这个。”她走到沙发跟前，仔细看了看沙发的材料和靠垫。*她继续说：“这把椅子真漂亮。”然后起身去找爸爸带她回家。

对外在客体的观察，客观性

评论（咨询师解析）

1. 清晰自我的身份，“自我身份”不再成为困扰。

2. 清楚地表达“我和非我”。

3. 相互沟通试验。

4. 隔离。“我和非我”之间的防御。

5. 在整理玩具时，对外部客体的控制。

6. 客观性，关于外部客体。

现在，她对现实的（即非治疗师身份的）温尼科特先生和他的家（太太）产生了某种程度上的正性移情。

可以预见，黑色现象也会成为现实世界中外在客体的某个方面，并且可以与她自身发生分离。

在防御性组织中，迫害性的黑色属于退行性融合的残余物。

父母来信

加布里埃尔想再次见到您。虽然她提出这个要求的时候显得很犹豫，但我认为她是非常迫切的。她建议我送您一件礼物。她还想送一份礼物给一个曾经为我们工作的女士，加布里埃尔很喜欢她，但她离开了我们。[①]

关于黑妈妈的主题再次出现，不过是以一种不同的方式。她说："我没有给黑妈妈写过信……她给我一个漂亮的花瓶，里面装着能生长的东西。"（"瓦蒂"是我们日常的帮佣，一位深受我们爱戴的老妇人，曾送给小猪猪一个装在玻璃瓶里的灯泡。）"我害怕黑妈妈。我还没有付钱给她。她给了我一个可爱的木制杯子。"关于付钱给黑妈妈的事已经被她多次提及了。

最近她又开始难以入睡了。她需要把她所有的娃娃、泰迪熊和书放在床上，挤得自己几乎没有位置了。近几日的白天，她表现不太好，好像我们作为家长的权威和我们自己在她面前都毫无价值似的。也许

① 感恩意味着接受分离，接受现实原则，这是幻灭的结果。D.W.W.

我们在坚持自己立场这一点上有些疏忽，我们正试图弥补这一点。但是，当加布里埃尔表现好时，她确实也是很好的。[①]

① 对处在疾病恢复期儿童的管理和养育难题，在于：什么时候父母应该对儿童态度坚决地进行干预，什么时候应该听任他自由发展，随顺儿童的自然状态？也就是说，在家庭设置中，儿童的疗愈需要从病理性超我向自发性的儿童成长、自然恢复过渡。D.W.W.

第八次咨询
（1964年12月1日）

加布里埃尔（现在三岁零三个月）进来咨询室，说："我先玩这些玩具，然后再玩这个漂亮的小玩具。"她自己带来了一个巨大的塑料士兵玩具——"好了，让我们把它们都带到这个好地方来。"

我说了几句"一些令人不快和肮脏的地方也存在"的话。她拿着拖拉机说："这是友好的。苏珊也有了一只狗。"她拿了一些绳子，说可以把拖拉机固定在小火车上。"我们上了火车，"她把火车放在我们身后（这很有趣，还有其他迹象表明，材料中可能有一些与肛门相关的东西）。"温尼科特先生，你有很多火车。"她想让我帮她固定住那些绳子。

主题是拒绝和反对肮脏

加布里埃尔：这是友好的。我本可以下午来这里的，对吗？那可太好了。只是为了来看你（她把更多的火车放在其他火车后面）。不要把它们推开，火车。

我：温尼科特火车住在哪里？是住这里，还是住在加布里埃尔里面？

加布里埃尔：住在这里面（她指了指）。火车上发生了什么？这个会发生什么呢？（她发现了一个火车上的钩子。）当我推着火车——哈！哈！哈！我差点把那个士兵轧扁，把他弄哭了。他是我从家里带来的。后面的火车真不错。车站在哪里，温尼科特先生？（我竖起了两道篱笆。）是的，那就是车站（她正在把车厢连在一起）。这是火车站。我得到温尼科特先生的帮助。那是什么？

我：四个行李箱之类的。

加布里埃尔：这是另一辆有大引擎的旧火车。我有一双漂亮的新鞋。这是一辆装行李的卡车。我们最好继续（她正在安排卡车和行李）。苏珊真是个讨厌鬼，玩拼图的时候，她会走过来打乱拼图。我把她推开很多次，她还是要过来。她是个讨厌鬼。当她成为一个更大的苏珊时，她就能做我做的事了，她老当我的跟屁虫，而且老是来打扰我。我想要一个不会总跟着我，总拿走我东西的新婴儿。

我说了一些“让她变黑”之类的话。

加布里埃尔：不，那会让她哭的。然后我就会大声喊叫，我非常生气，然后我接着大声喊叫，她就又哭了，然后爸爸妈妈就生气了。她就像法国的野熊Kiko，有一次他们都做了一只像

Kiko一样的熊。有一个温柔的妈妈Kiko，宝宝在笼子外面，她在笼子里。她像妈妈肚子里的婴儿一样巨大。宝宝Kiko没有被关在笼子里。猴子在笼子里面，狮子和熊也在笼子里。

我：还有些什么？

加布里埃尔：没有奶牛或长颈鹿。有蛇在笼子里，还有狗，我想是这样的，不，还有猫。我们有一只黑猫，它每天晚上都来看我。我去了平台，那里有一只黑猫，我抚摸它。有时它会在我家里，妈妈给了它吃的东西。这是做什么的？（最终指向了家庭）为什么会这样？它是用弯曲的木头做成的。

我：它是用一个弯曲的男人做成的（此时我想起了一首童谣，把我的思绪拉了回去）。

这时，她正在吃那个塑料男人玩具。我说她吃那个男人是因为她想吃我。

我：如果你吃了我，那就可以把我放到你的身体里面，这样就不用担心我会离开了。

加布里埃尔：他坐在哪里？他可以进那间小房子。不是弯曲的那个，是这个（教堂）或者这个。这是一个特别好的房子。

她坐在羔羊背上。她一直看着火车上的那个士兵。

加布里埃尔：这是一只笨狗（实际上是小羊）。谁在它脖子上系了一条丝带？它很漂亮。我也会系，但宝宝不会，苏珊不能。有时我会在我的宝宝身上系一条小裙子，使它看起来很漂亮，然后我会带着它去购物。哦，这是谁干的？（另一个毛绒玩具，农牧之神。）它们不能站立。是的，它们可以。漂亮的狗。

她努力使它们保持平衡，我们一起吠叫着，嘴里发出“汪汪”的声音。我说了一些她和苏西宝宝的事。

加布里埃尔：你知道吗？苏珊很生气（她发出很生气的声音），她真的很生气，她哭了。当我有点生气时，我就会哭一会儿。我在夜里把手指含在嘴里哭泣，就不得不张着嘴哭。这是什么东西？也许是一辆小车的小轮子。这个桶应该在这里。这些房子不错。我正在为狗做一个小房子。所有的房子都是给狗住的，它们在房子里争吵，另一只狗走了进来。这是另一个房子（它是一个独立的房子，与其他房子分开）。

我说到她和苏珊需要独立的房间或者独立的家庭，因为她们在一起总会吵架。

焦虑的内容：可能与对妹妹的恨有关

加布里埃尔：当我长大了，我会在妈妈老之前变老，在她老之前变老。这是做什么用的？（她又一次拿起那只蓝色的洗眼杯并仔细地检查它。）*如果妈妈变老了，我也会变老*。把它变成一个小房子。然后说：所有的狗都来了（也就是说，每只狗都有一间房子），这样它们就不吵架了。它们经常吵架，吠叫，发出可怕的噪声……我想爸爸想让我走了。

我：但是你摆脱恐惧了吗？

加布里埃尔：我害怕黑苏珊，所以我玩你的玩具。我讨厌苏珊。是的，只有当她拿走我的玩具时，我才会非常讨厌她。（暗指：这时候在温尼科特这儿，她拥有所有的玩具，但苏珊是被排除在外的。）这房子真漂亮。当苏珊穿得漂亮的时候，她是那么可爱，喜欢这房子的。你知道她是怎么做的吗？当她爱我的时候，她会走过来，弯下腰，对我说“啊啊啊”，然后吻我。当妈妈准备进城的时候，她变得很友好，这便是苏珊爱我的时候。

我：*你对苏珊又爱又恨，两者同时发生着。*

存在情感两极性

加布里埃尔：*当我们玩泥巴时，我们都是黑色的。我们一起洗澡，一起换衣服。妈妈有时会觉得她身上有泥，而苏珊身上确实有。*我喜欢苏珊。爸爸喜欢妈妈。妈妈最喜欢苏珊。爸爸最喜欢我。我可以出去告诉爸爸目前我还不想走吗？我打不开门，哦，我打开了。

泥土即粪便，也就是融合在一起的爱

她出去找爸爸(开始到现在已经40分钟)。她回来后问：“温尼科特先生，现在几点了？”我告诉了她时间。“再加5分钟。”她“砰”的一声关上门。“该往哪个方向走呢？我穿了很多衣服(列举了所有细节)。”“我太暖和了。就像……”(她重复了很多次。)“苏珊想脱衣服的时候就脱了。(她拿出了绳子。)我们可以把这个放在火车上。当我们想玩的时候，我们就会玩编玫瑰戒指的游戏。你把它固定住。”（我照着做了。）“我们可以切断它。剪掉！（我照做了。）谢谢你，温尼科特先生。”

她玩弄火车和绳子：“那个更好，它太小了，我得弯下腰。”她跟我说她来时坐的真实火车，它不得不被一根根非常非常结实的绳子牵着走。

> 加布里埃尔：请玩……（有一辆大车载着一些士兵。）苏珊有时把东西弄得乱七八糟。我没有为此生气（把火车拉开）。哦，你想让我把东西收拾好吗？（明显的暗示。）
>
> 我：留给我处理吧。

加布里埃尔和她的父亲一起走了，*给我留下了一团乱糟糟的玩具*。这与她之前每次离开前都会仔细地收拾和整理玩具形成了鲜明的对比。加布里埃尔现在对我的能力表现出越来越大的信心，她相信我能忍受她的混乱、肮脏、内心世界、失禁和疯狂。

评论（咨询师解析）

1. 本次治疗的关键词是“好”（nice），预示着背后隐藏着“坏”，包括令人不快的、不洁的（nastiness）。坏的=攻击性驱除与付出爱的融合=依赖于它是如何被接受的。

2. 通过合并处理丧失的开始及其后果：对内在客体的焦虑和支持。防御：自体的外部装饰（丝带-脖子）。

3. 从轻蔑中释放一些内部客体（防御——见前几次治疗）。

4. 两极性情感和泥土。

5. 第一次把混乱留给我。

父亲来信

在回家的路上，加布里埃尔大部分时间都是一个“小巴巴”的状态，她的拇指塞在嘴里，只会说“ba-ba”（她现在经常吸吮拇指，这是苏珊出生后才开始的）。

她一回到家就想去看苏珊。当她睡着时，几乎是一直在哭。她坚持要完成拼图游戏然后才坐下来吃午饭，把它们拼好对她来说似乎意义重大。

今天早上她颤抖着醒来，因为她梦见了黑苏珊。“黑皮肤的苏珊想让我疲劳，哭得我睡不着。”

父母来信

在您见到加布里埃尔之前，我们只给您写个便条。

“付钱”意味着“我留下了泥土、粪便、混乱的事情，这些都被接受了”

几天前，她说过这句话，之后又重复了一两次：“*我已经付钱给黑妈妈了。*”

（母亲的注释：）“付钱给黑妈妈”一直让我担心。我想知道这在多大程度上不是安抚，是在牺牲她宝贵的生命活力，利用自己的一部分来保持黑妈妈的平静，以保证自己不变黑。我想知道这类事情是否会导致她对善与恶之间的混淆，或者真实的混乱，从而形成僵化的防御。

黑妈妈现在已经安定下来了。然而，这并没有让她更早入睡。她现在被黑苏珊困扰了。她晚上来找我，因为她喜欢我，但她变黑了。

事实上，苏珊对加布里埃尔很温柔，但当苏珊想要什么东西时，她又很强势，甚至可以冷酷无情地发出攻击性行为。

母亲来信

加布里埃尔已经好几次提出想见您了。她近来过得非常好，可是最近夜里又开始担心起来，白天也显得不大自在。

她一直要求别人叫她苏珊（她妹妹的名字），而不要叫她自己的名字，她一直吮着拇指，无精打采，对什么事都不感兴趣。她昨天半夜又把我叫醒了。“你在担心什么呢？”——“我自己，我应该让自己死，但我不想死，因为我是这么漂亮。”

她还说过想让我死，然后跟她父亲睡。她说：“然后我想，但我只想要这个妈妈。”

她想带苏珊来见您，“因为温尼科特医生是一个非常好的养育者，很会照顾孩子”。

当她做诸如绘画之类的事情时，她很快就会泄气，然后把一切都搞砸。她喜欢清洁，喜欢把东西整理好。

温尼科特写给父母的信

我很难过，我不能马上与加布里埃尔见面。这段时间我很难安排。你可以告诉她我打算见她，虽然我不能马上见。如果你觉得我忘记了，随时都可以给我打电话或写信。请转告加布里埃尔，我爱她。

父母来信

加布里埃尔一直急着要见您，而且最近看起来比较抑郁，所以我们想应该把这些告诉您。

有一天晚上，她要我们查查去伦敦的夜车，她想当时就见到您。她说："因为我再也等不下去了。"

她越来越不愿意睡觉了。她给出的一个理由是，她不想长大，不睡觉就可以不长大，也就不会生孩子（这是态度上的转变——她以前曾经想要孩子）。但最近，她不想睡觉了，因为她说"我想感觉自己还活着"。

她不停地吮吸拇指，看起来又紧张又悲伤。她每天很早醒来，晚上则总是担心"黑妈妈"。

我们必须向加布里埃尔保证我们会写信给您，我们也觉得必须做点什么来帮助她。我们随信附上了一幅加布里埃尔今天上午完成的画作，这是她迫切想要寄给您的。

父母来信

您能抽出时间来见加布里埃尔，这让我们感到轻松了很多。很快就可以见到您，这个消息对她似乎有很大的作用。“这样我就可以摆脱所有的烦恼了——但是也不会有足够的见面时间啊。”整个早上她都没有吮大拇指。

我们想告诉您我们对加布里埃尔有一个特别的担心，但我们不知道该怎么说。她似乎对接受自己的身份有困难。她不承认自己是自己，断然否认她咬了苏珊的屁股，还说她是苏珊，拒绝别人叫她自己的名字，她在地板上弄出水坑，还哭哭啼啼。

在她的另一面，又成熟得出乎我们的意料，以至于我们对她的回应似乎让她更难将自己不同的两面融合起来。

她咳嗽得很厉害，还感冒了。我希望这对带她来看您不会有什么影响。

母亲的笔记

我完全不明白，为什么她对自己的身份如此困惑，为什么她必须是妈妈或苏珊，而不是小猪猪。当*她*擦鼻涕的时候，她会告诉你是*苏珊*感冒了。我还记得，当别人在问*她*什么事情时，她也会告诉别人*苏珊*怎么样。我想知道，这与她离开您这么长时间，以及“我把不好的烦恼交给温尼科特医生，把好的留给自己”——或类似的东西——有联系吗？

第九次咨询
（1965年1月29日）

加布里埃尔（现在已经三岁零四个月了）径直走进咨询室，直接去到玩具那里，让她的父亲去了候诊室。

> 加布里埃尔：我以前见过他好几次（当时她从一堆小玩具中拿起一只柔软的毛绒动物，同时还有几节火车车厢）。这是可以装到卡车上的东西。有时候苏珊早上确实会很兴奋。我向大人们喊道："苏珊很兴奋！"她说："我姐姐起床了。"她在夜里叫醒爸爸妈妈，她是一个小怪物。妈妈！爸爸！她晚上一定要喝一瓶牛奶！（我感觉这全部是苏珊而没有她自己。）

这段时间她一直在玩玩具："这只没有任何东西可以装上去（指给我看一辆没有挂钩的卡车）。""这个非常好……"她从一片混乱的玩具中挑选一个出来。我说："这是洗眼杯（那是她一直感兴趣的蓝色洗眼杯）。”她从桶里捡了些东西。她患了重感冒，需要一张纸巾，我给她拿来了。但在她的谈话中，擦鼻涕完全与关于卡车的讨论混淆在一起。她擦了擦鼻子，说：“苏珊得了重感冒。”

我：我想我明天会打喷嚏。

加布里埃尔：你明天会打喷嚏的。我知道，温尼科特先生，你把这个东西固定在这里。

我向她指出，她正试图从很多零散的东西里找出某种东西，这意味着从苏珊、温尼科特、妈妈和爸爸里找出一样东西。*这些东西在她心里是分开的，但她不能把它们结合成一个东西。*

完整客体概念的发展

她一边推火车，一边唱着歌，抓住一根缠在木制引擎上的绳子，说了些关于一捆东西的事情，让我帮她。

加布里埃尔：一根小绳子，把它缠好（她在自言自语）。我们认为苏珊真是个小怪物。我们叫她希卡布太太。西蒙和国王[①]绕着煤火转着圈踢着腿。一个小女孩在烧栗子。这个小女孩花了很长时间（显然是父亲对苏珊的评论）。

至于黑妈妈，她每天晚上都来。我什么都做不了。她很难相处。她上了我的床。不许我碰她。“不，这是我的床。我要拥有它。我必须睡在里面。”爸爸和妈妈在另一个房间的床上。“不，那是我的床。不！不！不！这是我的

① 童谣：“老国王西蒙阁下和年轻的乡绅西蒙先生，还有希卡布老太太，都围着煤火踢着希卡布先生。”

床。”这就是黑妈妈。有乐队在演奏。两个小土耳其人（显然又是某人对这两个孩子的评论）。爸爸可能会说我很卑鄙。

我：卑鄙是什么？

加布里埃尔：淘气的人。有时我很调皮。（这是关于在开往伦敦旅行的火车上的事。）我们在地下走着。看！（她抓住那毛绒动物玩具。）看到加布里埃尔要去伦敦，苏珊感到很难过。噢——（唱歌的声音）我姐姐什么时候回来？她上厕所的时候需要我帮忙。今天早上我打开了厕所的们，她走了进来，她想让我脱下衣服做bolly。我每天晚上都很担心。因为黑妈妈。我想要我的床。她没有床。因为没有雨衣，所以我淋湿了。她不照顾她的小女孩。

我：你说的是你的妈妈，她不知道该如何来照顾你。

从坏母亲中分离出好母亲

加布里埃尔：*妈妈是知道的。黑脸的妈妈才是非常可怕的。*

我：你恨她吗？

加布里埃尔：我不知道我是怎么了。天啊，我被黑妈妈逼下了床，我有这么好的（nice）床。“不，小猪猪，你没有一张漂亮的（nice）床。”（此时，她沉浸在一种体验中。）“不，小猪猪，你没有一张漂亮的床。”她生妈妈的气。“你给这个可怕的姑娘弄了张这么糟糕的床！”黑妈妈喜欢我。她以为我死了。真可怕

（说话的语音是模糊的）。是公牛（？）看见了我。她不知道孩子和婴儿的事。黑妈妈不知道婴儿的事。

我：你妈妈生你的时候，她并不了解婴儿，是你教会了她如何成为苏珊的好妈妈。

自体和好妈妈（在小妹妹来之前）的联结体验，联结现在消失了。丧失的体验，对之前美好体验的记忆

加布里埃尔：如果我出去买东西，苏珊会非常伤心，*而我回来时她会很高兴。哦，妈妈，妈妈，妈妈！（她说这话时非常悲伤。）*我不想要一个当她难过和要离开时就吻我的好姐姐。你背后有玩具。很难把它们拿出来。这里有一些房子。苏珊有一次晚上把我叫醒。

我：噢，真是讨厌的事情啊！

加布里埃尔尝试拼接一个引擎和一些卡车，但很困难，因为它们不匹配。在这段时间里，我有很长时间处于不确定的状态，有点昏昏欲睡，没有任何明确的事情发生（我的笔记在这里有缺失，表明我自己的困难）。她嘟囔着什么火车，什么轮子之类的，然后她说："我冷。我带了手套。"我自己在这个时刻的退缩值得深思。我的退缩与咨询中加布里埃尔的退缩所带来的不确定性有关。在某种意义上，我"接受"了她的投射，或者"捕捉"了她的情绪。这里我有明确的记录：我当时很困。但我毫不怀疑，如果发生了什么事，我一定会醒过来的。随着她让我在黄色的电灯泡上画一只老虎，这个模糊不清的阶段结束了。

加布里埃尔：这个很可爱。我以前见过这个。我要给爸爸看看。有很长一段时间妈妈都不

想要孩子，后来她想要一个男孩，却生了一个女孩。[①]我们长大后要生个男孩。我和苏珊。我们得找个像爸爸那样的男人结婚。这里有一些靴子。你听到我说的了吗，温尼科特医生？我有几辆漂亮的卡车来装行李。

我于是作了一些解释，目的是处理俄狄浦斯情结中的三角关系，相对于苏珊而言，她处于一个男孩的位置。她接着说："这是我的床，所以我不能坐火车去找温尼科特先生。不，你不会想去找温尼科特先生。他真的知道什么是噩梦。不，他不知道。他知道。不，他不知道。"（这是她和她的另一部分之间的对话。）"他不想让我摆脱她。"

我说到梦中的黑妈妈，尝试让加布里埃尔明白黑妈妈是梦的一部分，当我们从梦中醒来，就会发现黑妈妈和现实中的人有着截然不同的想法。咨询的过程已经发展到我们现在能够讨论梦的内容了，对梦的讨论，代替了对内心现实——妄想的内在"真实"——的讨论。

加布里埃尔：我拿着枪一动不动地躺着。我想开枪打她。她刚好逃走了。你知道人们对我做了什么吗？我睡着了。我不能说话。这只是一个梦。

我：是的，那是个梦，在梦里有黑妈妈。

---

① 妈妈的注释：加布里埃尔知道，在她出生时，我是不介意男孩或女孩的。当我有了一个女孩后，也就是苏珊出生时，我想要一个男孩。

我问她，是想让那个坏妈妈成为一个真实的人，还是一个梦中的人？

加布里埃尔：你知道电视里有人在开枪吗？（在这里，她多次把手指戳进农牧之神肚子上的洞里“射击”。）我不知道它为什么发出这么奇怪的声音。有人在里面放了稻草。她哭了。她还没准备好生孩子。你收到我寄给你的卡片了吗？我没别的意思。你知道我有什么吗？我有一些多米诺骨牌给……（她说出了邻居家男孩子的名字，当时她在玩船。）有人开枪，所以他们站不起来（她拿出了一辆绿色卡车）。这个颜色很好看（她发出了悦耳的声音）。苏珊有时挠我痒痒。

焦虑的主题尚不明确

然后加布里埃尔说了一些类似“gaggaagagur”的话。这与她和苏珊之间的对话有关：“这是什么？”（它是围栏的一部分。）

“温尼科特先生，我不能在这里待太久了，你能改天再来找我吗？”

在精神分析的设置下，儿童的整个行为体验中，这是非常有意义的事情

这很容易认为她对我不满是因为我一直很困，但事实上，很可能整个事件（甚至包括我的困意）都与加布里埃尔的极度焦虑有关，这使得我们无法进行清楚的沟通。*焦虑肯定与黑妈妈的梦有关。我问她关于梦的事，她说：“我梦见她死了。她不在那里。”在这一点上，她做了一件我相信具有重大意义的事，不管它象征着什么。*

我可以从整个治疗质量的改变中看出这一点。就

好像因为这件事的发生，其他的一切都被阻止了。她拿出蓝色洗眼杯，把它含进嘴里又吐了出来，发出吮吸的声音，可以说她经历了一种类似于广义性高潮的感觉。

> 加布里埃尔：我非常爱她。Baah。这很好。谁射击了妈妈？泰迪有把坏了的枪。*黑妈妈是我的坏妈妈。我喜欢黑妈妈。*（这是一个被以游戏形式报告的梦。她继续谈论着那辆可爱的卡车：）我们继续玩吧。

黑色现在成了明亮的、白色的或理想化的妈妈的对立面，后者是之前两极情感的对应，也是作为主观性客体妈妈的内容

这时我说咨询该结束了。换句话说，在这一小时内，焦虑以某种方式被克服了——小猪猪的心理发展到了一个新阶段（发展出了以对立形式存在的两极情感）。

晚上，孩子的父母打电话给我，询问我在咨询中需要告诉他们的任何事情。我说这是一次让人难以理解的咨询，但一切信息都指向“妈妈被枪杀”这个节点。在这个设置中，黑妈妈是已经丧失的好妈妈。洗眼杯和性高潮的经历，似乎成了加布里埃尔发现失去好妈妈的转折点，好妈妈能让她兴奋，而她的兴奋的能力显然是随着好妈妈的消失而失去的。

注释

现在有一个对真实母亲的回忆：被疯狂地（兴奋地）吃掉，也在两极情感的矛盾中被射杀，这个回

忆取代了以前更原始的好母亲和黑母亲的分裂。而好母亲和黑母亲的分裂又源于主观和客观感知之间的分裂。

几天后，孩子的父母打电话来，说孩子有很大的变化。她成了“一个更丰富充实的人，一个专心致志的孩子”。她现在正和她的小妹妹玩，不那么觉得自己受迫害了。这样做的结果是，小妹妹也不再那么攻击她了。她和妈妈变得更亲密了，也更喜欢和妈妈一起玩了。她自然而然地说：“我把坏的担心给了温尼科特医生，并收到了好的东西（从分离后的新身份中获益）。”

这种改善持续了三周。然后孩子又开始担心黑妈妈了。在这三个星期里，情况有了很大的改善，家长们都受到了鼓舞。孩子身体有点不舒服，尽管如此，她还是比以前更活泼，和妹妹一起玩耍。她一直在说：“温尼科特什么时候生日？*我想送他一件礼物，但不可以包起来。*”她曾经告诉她的母亲：“当你生气时，你会变成一个黑妈妈。”

“包裹”意味着被防御机制所掩盖，就像她被孤立时所玩的游戏意义一样

然而，从本质上说，黑妈妈就是原始的好妈妈或主观性的妈妈。

评论（咨询师解析）

（一次重感冒）

1. 她对内在客体或对内部精神世界当前体验到的客体感到担忧。

2. 黑妈妈：对床的竞争，“邪恶”的概念。

3. 黑妈妈是母亲的分裂版本，一个不了解婴儿的人，或者一个非常了解婴儿的人，但她的缺席或离开使一切都变成黑色。

4. 黑妈妈中含有积极元素。在“妈妈，妈妈，妈妈”中的悲伤=记忆。

5. 治疗中情绪低落、沉闷的部分：互动的结果。

6. 现在黑妈妈出现在梦境中的方式：幻想。

7. 记忆变成了带有性高潮意味的口唇部位的体验。

8. *心爱的*黑妈妈死了（被枪杀了）。这是对丧失妈妈的愤怒：伴随着愤怒的合并选择。

9. 给温尼科特医生的礼物——没有包装——也就是：开放的，清晰的，显而易见的（婴儿）。

父母信件之母亲所写

加布里埃尔让我写信请求与您见面。像往常一样，她没有给我任何理由，但她似乎认为这件事很紧急。她的请求是在我生日那天晚上提出的。虽然她竭尽全力想把生日办得很成功，但生日却不是她的，这似乎使她非常痛苦。她几次假装认真地打我，说“因为这是我的生日”，她因此睡不着。

上次见过您之后，我们觉得她很好，她给人的印象是比以前更加稳定和健壮了。

吸吮拇指与对客体极度兴奋的体验有关

我所能想到的唯一负面的事情就是她吮吸拇指，以及她在成年人陪伴时用胡言乱语和兴奋的喊叫吸引人们注意的方式，和孩子在一起时她又很害羞。

对她的小妹妹，她的宽容和理解程度有时让我都感到惭愧。

我觉得这次我没有告诉您任何真正重要的事情，她自己的生活状态很私密，都藏在她自己的内心里。

（这封信里，加布里埃尔寄给您她自己的两幅画。信封上写着“给我敬爱的温尼科特先生”。）

母亲来信

加布里埃尔已经不再是原来那个样子了，她似乎表现得更加协调一致了。尽管有时这种状态似乎需要她动用某种严峻的决心才能获得。

她急着要见您。“怎么才能把孩子带到温尼科特医生那里去呢？我想带苏珊一起去。”我们想知道苏珊在多大程度上成了加布里埃尔的一部分。她总是谈论苏珊，甚至当人们问起她本人的时候，大多也是关于苏珊的大胆和顽皮。

如果我留意到对她的担心，*我会觉得还是她频繁忧郁地吮吸拇指，以及她爆发出来的肆意破坏的行为。*

未融合的分裂状态里，攻击占据优势

和她的妹妹不一样，加布里埃尔从不随意破坏，她对自己的东西非常细心，经常整理和清洗。但破坏性会突然向她袭来，当她要摧毁和撕毁东西时，很显然没有冲动的激情，只有冷酷的决心。

但她现在玩耍的游戏比以前更有创造力了。

第十次咨询

（1965年3月23日）

加布里埃尔（现在已经三岁零六个月了）是她父亲带来的，我让她等了一会儿。她一遍遍地说："要去玩玩具了。"像往常一样，我和她一起在地板上工作，而且她一直在喋喋不休。内容是："苏珊在火车上的书。我最喜欢的书。娜塔莉·苏珊（Natalie Susan），一个优美的名字。是意大利语。我是黛博拉·加布里埃尔（Deborah Gabrielle）。"

她玩味着这些名字的发音，[①]在玩具堆里拿起一个玩具说："这到底是什么东西？各种各样的玩具我都没有……"她把几个车厢连接起来，说："天啊，这么多玩具啊（实际上，从她第一次来咨询室之后，我没有添加任何玩具，除了前面提到的医用洗眼杯）。"

---

① 见上次咨询中，嘴部活动带来的极度兴奋。

她心满意足地自言自语，接着说：“究竟是什么……？”她拿起另一列火车头，把它和车厢连在一起。

在这里，我做了一个评论：她正在把她自己和我联结起来。

加布里埃尔：在火车上……苹果汁……我们一起在火车上玩得很开心。有一列长长的火车。这么长（摆动手臂来描述长度）。

我：从你上一次来这里到现在，间隔了很长一段时间。加布里埃尔花了很长时间才知道我是否还活着。

这句话对她来说似乎是某种提示。

加布里埃尔：你的生日是什么时候啊？我想送你一些生日礼物。

此时，我发现我自己已经准备把生与死联结起来了。

我：那我会在哪天死去呢？

加布里埃尔：我们来看看能为你买些什么。妈妈给法国写了封信；到那里要花三个小时，或大半天，信就能到那里。

我：如果我死了，就还需要更长的时间。

加布里埃尔：如果你已经死了，你就不会打开它。这太可怕了。

然后她说了一些话：“绳子系的包裹，就像子弹一样，当你收到包裹，有火药喷射出来，这是非常危险的。”“只有被蛇咬了才会死。”她以某种方式继续着死亡的主题（没有准确的记录）。

对报复性客体的猜测，与口欲施虐和两极情感有关

加布里埃尔：太可怕了。*蛇是可怕的，但只有在有人伤害它们的时候，它们才咬人。*

我妈妈有一次去动物园，那里有一只鹦鹉，它说：“你好，亲爱的（她说这话的方式很有趣，像一只鹦鹉）。”

我：你是说动物园里还有其他东西，比如蛇。

加布里埃尔：我对爸爸说：“这些动物有毒吗？”我正想伸手去抚摸它，但爸爸把我拉开了。

（这里有关于小女孩另外的信息：你可以从她的脸上看出来她很开心。）

我：你是个快乐的小女孩吗？

加布里埃尔说了一些关于苏珊的话。

加布里埃尔：如果我建造了一些东西，我就想毁掉它。但她不这样。她有奶瓶和奶嘴。一开始我想去喂她，但她走开了，不让我喂她。她是一个可爱的小baba。

我：有时候，你会朝她射击。

加布里埃尔：不，有时候我和她相处得很好。

享受我和我的玩具，远离与苏珊相关的焦虑

我：*这就是你喜欢来这里的原因之一，想要远离她。*

加布里埃尔：是的。我不能待太久，因为我

马上就要吃午饭了，我可以改天再来吗？

在这里，她表现出一种与苏珊分离而产生的焦虑，对她来说，有我在身边是如此重要。她接着说："很抱歉我们来得早了一点，因为我不能再待在家里了，因为我很想去找温尼科特先生。苏珊也非常想去找温尼科特先生。她说：'不！不！不！'她没有说'是'，而是说'不'，然后她在晚上醒来。她把每个婴儿都吵醒了。这是可怕的。她不叫醒我，我根本不想听，我几乎听不到她说话。她是在说吗？'妈妈，妈妈，水仙花爸爸，爸爸，水仙花妈妈，妈妈，骨头鸡。"

像前面说的那样，加布里埃尔正在把房子排成一排，一端是一座塔。我猜想这是一辆火车。她说："狗不能吃小骨头，因为里面有小骨刺。"*她的手在车轮下摩擦着，这似乎是在展示她对自己做过的一件事。*[①]她说："非常疼。你养狗吗？"

即将到来的自慰

我：不养。

加布里埃尔：外婆养狗，那只狗叫邦尼（Bunny）。

她把玩具零乱地摆在地板上，每件都分开摆放[②]，我向她指出这一点，她说："是的。"然后说了些诸如"又弄坏了"之类的话。

她碰了碰我的膝盖，很快又跳开，说："我得

① 参照母亲第2次会谈之后的来信。

② 参照第7次会谈，当她建立自己的身份时，她边上的玩具完全不同。

出去找爸爸。我会回来的。我想带上我的洋娃娃。”这是一个非常大的娃娃，叫弗朗西斯。她把它带回来想让我和它握个手。她抚摸着我的鞋子。*在这种亲密的交往中，焦虑也表现出来了。从某种意义上，把每个客体与其他客体分开是一种防御。*“与我的联系”是中心，随着中心的出现，与之相关的罪恶感就出现了——罪恶感是因为苏珊没有在这里，罪恶感也是因为被发现的物体被破坏了——因此，在这些物体彼此分离的背后，可以说是一种内部混乱状态，由被吃进去的客体部分所造成的。

客体发生分离，一般都对应着：突然增强的对抗

加布里埃尔：*一天晚上，我做了一个噩梦。*大约是……我闭上眼睛。我看到了一匹漂亮的马，它叫种马。它有金色的耳朵和鬃毛。它是如此美丽，金色的，又漂亮又闪亮的金色（她把手放在两腿之间）。那匹美丽的马走过来，踩着了田里的小麦（她解释说小麦很像玉米）。

开始报告自己的梦

我：你在描述一幅爸爸和妈妈在生孩子的画面，和爱有关。

加布里埃尔：是的。

我：也许那是妈妈的毛发（指的是小麦）。

然后她又说要到爸爸妈妈的房间里去，阻止那匹马踩到麦子。她补充说：“有时我被允许留下来吃晚饭。”以这种方式给了我一个梦境的现实背景，在这个梦境中，她阻止了父母的性交——苏珊也被排除在外，苏珊是一个她不能恰当考虑的复杂因素。

加布里埃尔：我们喜欢熬夜，但早上起来我

们会感到疲劳（她拿起一个很小的玩具小人）。这个人不能坐下，爸爸（对应梦境中的种马）是很漂亮的。

加布里埃尔现在用不同的方式布置玩具，所有的树和人物都站起来，这个布置中有一种生活的感觉。

加布里埃尔：爸爸是漂亮的。家里的墙上挂着一幅画，上面有两个人在散步，还有几个人站在一边。

我把她说的与那个践踏小麦的梦做了一个比较。

我：*你是想告诉我有关践踏小麦的种马的事情。*

治疗的工作

加布里埃尔重新排列了玩具：有一长排弯曲的房子，而另一长排房子的一端则指向弯曲的地方。她说了一些关于苏珊的事，说苏珊会破坏一切，这是利用苏珊来投射她自己不想要的破坏性想法。

加布里埃尔：苏珊打开女士手提包，取出一些粉末，闻一闻，在妈妈穿衣服的时候打扰她。这是可怕的。

我：这让你想杀了她。

加布里埃尔：妈妈有一座漂亮的雕像。

这时，她让狗（玩具小羊）站立起来，拿起另一只大而柔软的狗（牧羊神），开始从它的肚子里挤压填充着的木屑，继续进行上次的破坏活动。她故意把手指伸进去，抽出填充物，在地板上撒了一地。她走出去告诉父亲，不要说“准备好了”，通过与父亲的接触表达她的焦虑。

我：从今天开始，你不再需要被爸爸提醒准备走了。

她似乎很高兴，好像纠正了一些事情，然后又回到玩具旁，继续摆弄它们，把动物和其他东西都站立在地毯上。这时，她做了一个私密的举动，把双手夹在两腿之间。

加布里埃尔：亲爱的皮特先生。我正在阅读每个人都被带到克鲁郡。我将带它上火车，我要带着克鲁先生。

她按照一种整齐的方式重新安排这些玩具，嘴里重复着："阅读每个人都被带到克鲁郡。"[①]

加布里埃尔：别等我。带着五弦琴去阿拉巴马。漂亮好听的音乐。

这标志着从肠道幻想向成年人想法转变过程的结束，以及他们具备了生育婴儿的能力，即在进食和排泄的过程中，接受了内部是存在东西的这一事实

我能辨认出各种曲调。她现在正以一种快乐、无忧无虑的方式唱着，唱着她自己的变奏曲。

加布里埃尔：你能递给我点东西吗？他正在做brrrrrrh的事（意思是拉大便）。

她倾尽全力掏空了农牧神肚子里的木屑。

加布里埃尔：你看他！

我：他在篮子里和地上拉了很多屁屁。

加布里埃尔：*对不起，你介意吗？*

我：不介意。

加布里埃尔：太臭了。

---

① "噢，皮特先生，我能做些什么呢？我正在阅读每个人都被带到克鲁郡。"这是第一次世界大战前的一则广告歌。

我：你正在暴露他的秘密。他还有一些屁屁。

加布里埃尔（过了一会儿）：该走了吗？小猪猪制造了非常糟糕的味道。

我：制造味道就是在泄露秘密（她把一些屁屁弄在了火车上，货车车厢里，到处都是）。金黄色的填充物（把它与图像联结了起来）。

加布里埃尔拿了所有的玩具，把它们聚在一起，制造出一种凝聚在一起的现象。

我：现在这些玩具都在一起了，一点儿也不感到孤独了。

她说了一些关于被掏空的狗（小动物）之类的话。 差异对比

加布里埃尔：要友好地对待它。让它拥有全部的牛奶和面包。

我：现在你很快就要走了。

加布里埃尔：我是得走了（她用手按了按货车车厢中的木屑）。我要带一辆火车回去。现在我们必须要走了。我只能把剩下的事情留给你来整理了。

她也留下了她的大娃娃弗朗西丝，但回来取的时候发现我（故意地）还坐在地板上，坐在她制造的一堆混乱的玩具中。她实际上并没有带走任何一辆火车。

评论（咨询师解析）

1. 通过游戏中有意识地沟通，很容易恢复关系。

2. 我的生日。解释：死亡之日。

3. 分离（不同的玩具），在接触中发生触碰及用力撞击。

4. 因为对好客体有破坏性的冲动而产生内疚。

5. 男人和女人的性体验是一样的。

6. 与男性认同，对腹部和乳房（容器）施虐。

7. 秘密的气味和混乱，金色的和漂亮的。

8. 内在事物（内部填充物）从双重责任中解放出来——即，从代表她（妄想）的内在心灵中解放出来后，现在可以用梦的方式沟通。

母亲来信

加布里埃尔想再见到您，她已经问过我一段时间了，您能不能见她一面，而我却一直没有把这个事情告诉您。

在某些方面，她看起来很好——她开始每天去幼儿园两个半小时，而且很喜欢去。她*在其他孩子身边*玩耍，而不是*和孩子们一起*，这使她感到满足。然而，她有很多焦虑，我们觉得她经常在整合自己的状态时有困难，她内在的一部分似乎仍然有些幼稚和呆板。

我要把她迫切要求见您的那一天的情形描述给您听，看看这些信息里有什么有用的线索提供给您。

前一晚，她要求吮吸我的乳房。她问了好几次，我都没有同意，但这次我让她这么做。她以各种不同的方式和姿势享受着吮吸，我偶尔还担心她可能会咬我。

之后的一个晚上，她做了一个非常糟糕的梦，她逃离了自己的房间，第二天早上，我们发现她躲在一张沙发上的小毯子下哭泣。她问我女巫有没有乳房。她说她太淘气了，长大后会成为一个强盗，苏珊会成为强盗首领。

那天晚上，她问我小便的地方是否是细长的。她说她认为我有。我说我是一个女人，就像她将要成为的那样。“我想你是穿裙子和女式衬衫的吧？”（她满腹狐疑地说。）我问她是从哪里知道我的小便处是细长的。“爸爸那里。”“爸爸又是从哪里知道的呢？”——“从他的学生那里。”——“我能见温尼科特大夫（Dr. Winnicott）吗？”——稍后：“是温尼科特*医生*（Doctor. Winnicott）吗？他能让人们变得更好吗？”——“他不是让你好起来了吗？”——“不，他只是听我说话。他并没有使我好转。”

最近她睡在我们卧室隔壁的一个房间里，房间之间有一扇相通的门。这使她非常兴奋，也引起了许多麻烦。

母亲来信

谢谢您为加布里埃尔确定会面的时间。最近她好几次要到伦敦去见您，我们费了好大劲才说服她，不能在她需要的时候就立即可以到您那儿去。

从外表看，她在很多方面看起来都很好，但她经常抑郁。“不，我不累，只是伤心。”当被追问时，她会说是因为黑妈妈，接着就什么也不说了。

最近，关于“婴儿”的讨论和猜测持续不断。

第十一次咨询
（1965年6月16日）

加布里埃尔（现在三岁零九个月）是和她父亲一起来的。*她走了进来，一种可以称为害羞而高兴的状态。*

与刚开始的害羞对比

像往常一样，她立刻走到玩具跟前。她一直带着浓重的鼻音说话，开头是这样说的："乳房那天晚上，我醒来，梦见了一辆火车。我就喊睡在隔壁的苏珊，苏珊似乎明白了。她已经过了生日，现在两岁了。"她继续玩火车，说："现在我们需要一节车厢，因为火车不能没有车厢。苏珊理解得更好（暗示苏珊要比温尼科特理解得更好）。"

加布里埃尔：她不能说话。

我：如果我不说话是不是更好点？

加布里埃尔：如果你能倾听，可能是最好的（她手里正在把几节车厢连接起来）。

我：我是应该说话还是倾听？

加布里埃尔：倾听！有时候我和苏珊像老鼠一样保持安静。这节车厢不适合这里……（其中一只钩子钩不进火车后面的孔洞）我做这个事情很长时间了。一些火车的后面没有能挂钩的小洞。

加布里埃尔的手抚摸着她放在火车后面的火车头。她发出很多急促的呼吸声音，可能是由于鼻子不畅通，需要用嘴呼吸。

暗示着把对洗眼杯的感情转移到了我身上，在与分析师认同

现在她想让我帮她处理这个钩子和孔洞不匹配的难题，我用我的剪刀把孔洞剪大了。我背对着她，*她说：“温尼科特医生，你穿了一件蓝色的夹克，头发也是蓝色的。”我环顾四周，发现她正透过蓝色的洗眼杯来看四周，上次她来找我时，那个洗眼杯意义非凡（事实上，现在有两只这样的洗眼杯）。*

现在她又开始玩她的火车游戏。她把那些由于缺陷而不能挂上去的小火车放在一边，低声说着：“喷火的火车”——“看看这里有什么”——“是的，这很有趣！”——她把另一个蓝色的洗眼杯子放在一辆火车上。现在她有了四个火车。她又把这两只“眼镜”（蓝色洗眼杯）带上，唱道：“两个小桶挂在墙上。墙上挂着两个小桶。”她看上去很自如自在，用吱吱的声音结束了歌曲：“十只小猫咪去了…….”

整个过程中，她把一些火车部件组装成一个主火车，低声自语，把单词拼在一起，时不时地唱着童谣。

加布里埃尔：莎莉在一个星期六的下午围着

烟囱转悠。现在看看这列长长的火车。

我：关于这列火车，你现在想告诉我什么？（认为自己是听众。）

加布里埃尔：（她说了好几遍）像蛇一样长。

我：这是爸爸的大东西吗？

加布里埃尔：*不，一条蛇。蛇咬人是有毒的。如果你不把血吸出来，那人就会死。它可能会咬我。是的，如果我动的话。如果我不动，它就不会咬我。那么我必须小心了（停顿）。这是一列很长的火车（寻找更多的车厢）。正在喷着气——呜——呜——呜——突突突（唱着）喷着气。*

以投射的方式展示了口交和口欲施虐（参见下面）的一个预兆

加布里埃尔继续唱着“莎莉把水壶放在上面”——把最后一句改成了“苏珊又把它拿掉了”。

加布里埃尔：苏珊不能说：“都消失了。”因此她说：“爸爸都消失了。”她真傻。

我：你以前只有两岁，现在你四岁了。

加布里埃尔：不，是三岁零九个月。我是非常大的，可我还不到四岁。

我：你想变成四岁吗？

加布里埃尔：是的，哈哈！

她拿起一个破碎的圆形物体，边玩边唱。

加布里埃尔：烤蛋糕，烤蛋糕，面包师，快给我烤个蛋糕。

我：这么着急吗？

加布里埃尔：是的，必须在晚上所有人都上床睡觉之前准备好。把它拉出来，拍一下，做好。为了我和苏珊，放进烤箱里（她重复道，用妈妈代替苏珊）。

我：也许煎饼是妈妈的乳房？

加布里埃尔：是的（说得不太令人信服——也许我应该说“白薯”）。它会掉下来吗？（她正试图修理火车尾部的东西。）它不会管用的。

就好像她一直在数着到目前为止的治疗次数

加布里埃尔从“1”开始数，漏掉了一些，数到“11”。

在“8”的时候有一个高潮，这一切都与火车的长度有关：“如果我再加一个，那会是几个？9个吗？不，会是4（这似乎是无稽之谈）。”“嘿，这儿我就搞不对了。”然后她伸手到我后面去拿那个柔软的动物（农牧神），上次她几乎把它的内部填充物都掏出来了。她把这只动物单独拿出来，有条不紊地倒出更多的填充物，弄得一团糟。她在某种程度上用语言表达了这一点，说从狗的肚子里收集东西，为的是把地板弄得一团糟。

加布里埃尔：我想弄更多点。我来把鸭绒玩具的肚子打开。它里面会有更多的绒毛。它的气味很好闻。一股可爱的香水味。为什么里面闻起来很香？嗯，你看这里，这是从一个干草堆里捡来的（在一个洗眼杯里收集木屑）。今天是隔壁男孩的生日。

她说那个男孩曾被叫作伯纳德（Bernard），另一个孩子叫格里高利（Gregory），等等。这时已经有一大堆木屑（或者干草，或者别的什么东西，总之是那些玩具身体里的各种填充物）了，地上一团糟。

加布里埃尔：现在，到处都是乱七八糟的。你能看见我吗？（她把玻璃镜片放到了自己的眼睛上。）

有什么东西撞击了一下地板。

加布里埃尔：撞击地板的力量真大，把房间震得直抖。把火车唤醒了，所以火车又走了。我们坐在火车里面。伦敦是个很远的地方。

我：你通过火车告诉我，它是化了一点淡妆的小猪猪，三岁零九个月，它也是爸爸的长东西。

现在火车已经很长了（她已经把车厢和火车头连在一起了）。她操纵着火车，让它往后退一点，然后说："我们的火车往后退了。"（也就是说，她和她父亲坐的火车。她把火车拐了个大弯。）"这列车厢需要拴绳子。"

我们整理了一下，以便她能拉着火车玩。她说要用绳子绑起来这列火车，开玩笑说像一条*咬人的狗*，也许是因为我在用剪刀把绳子从一团乱麻中剪出来。加布里埃尔说："一个大的小便，被剪掉了，不……（此刻是不清晰的，模糊的）"这里有一个关于火车的梦。我请她多说说这个梦的内容。

加布里埃尔：拉着一辆长长的火车，哦！它离开了，努力行驶着，撞到什么东西，噢！亲爱的。现在再重新开始吧。

她故意把整辆长长的火车推到一起，把火车弄得乱七八糟，并将这些朝我这边推来，远离她。在梦里，一切又开始了。

加布里埃尔：有一天，有一个巫婆，一个海里面的巫婆，女巫婆，不是一个男巫婆（诙谐双关语）。婴儿——拥抱——可怕的。我找不到让这个穿过去的小洞。女人有两个洞，一个是小便的洞，另一个是生孩子的洞（此时，她把一个火车放在了轨道马车上面，似乎在嘲弄和讽刺着什么）。爸爸把小便撒进一个女人生孩子的洞里面，看，它成功了！（指着火车的长烟囱。）

加布里埃尔告诉我，孩子们在铁路上放石头。一个男人被撞得很惨。孩子们很淘气。他们喜欢这样做。他们会对爸爸的小便生气吗？

加布里埃尔：是的。在铁路上工作的那些人，而不是火车司机。

她一边操纵着拖拉机的方向盘，一边说："我要坐在拖拉机的座位上。"（她真的坐上去了，尽管拖拉机的座位只有10厘米长。）"我要驾驶它。"（拖拉机就在她的身下，离她的"女孩洞"很近。）她把拖拉机一直开到温尼科特身边。"我起不来了。我让它直立起来了。"这时，她玩游戏的速度非常快，首先把拖拉机放在我的阴茎的位置，然后快速地向上到我的胸部，乳房的位置（我知道她最近看到了母亲的乳房，而且有很大的反应）。她一直在玩文字游戏。

加布里埃尔：啪啦，啪啦，啪啦，雨点，我听到雷声，我听到雷声。噼里啪啦的雨点。这是一个戴眼镜的男人（我戴着眼镜，小玩具人也戴着）。他驾驶着拖拉机。这个人看起来很滑稽。

我说她在笑我是个有小便的男人，可是没有乳房。她把小玩具人的身体向后弯曲，用手指按在男人阴茎的位置，男人完全在她的力量范围内，说：“把他画在电灯泡上！”[①] *我像以前一样画了一张男人的脸——她说了一些话，其中包括“一个大大的小便，像乳房”。*

对男性的控制：防御由男性性功能分裂出的施虐性引起的焦虑

加布里埃尔：这是什么？这是什么？

我：你对男人的小便感到很生气，他不该有小便。

阳具妒羡

加布里埃尔：*男人是大强盗，这太可怕了。*

我提到她正在说的是男人用他的小便以一种很可怕的方式制造了婴儿（还记得那个被掏空的小狗玩具）。

她非常谨慎地开始了一个新游戏，把一长排的房子和另一排房子排成一定角度，这样就有了一个院子（结束的时间到了，但她还没有准备好要走）。

一个有趣的玩笑

我：我今天倾听到了什么？

加布里埃尔：*其中一个邻居说：“你告诉我，那我就告诉你。”*

这句话她重复了好几次，因为她觉得很有趣。

① 参照第十次咨询。

她没有理睬我提醒她该走了的要求，因为她还没有做完。她仔细地寻找那些小动物，找到后就把它们放在院子中央。

本次治疗的重要工作

我在这里做了一个重要的解释，这似乎是她想要的。

> 我：那个人是个强盗。他夺走了母亲的乳房。然后他用偷来的乳房作为一件长东西（就像火车一样），他把它放进女孩的婴儿洞里，在那里他种下婴儿（游戏中的小动物）。这样他就不会因为曾经做过强盗而感到内疚了。[①]
>
> 她现在完全准备好要走了，而且要走出去找爸爸。
>
> 加布里埃尔：现在我们应该走了，因为我们的火车正在等我们呢，我们最好快点吧。

当她的父亲试图向她解释不用着急，因为反正他们也得等着的时候，她表示一点儿也不能迟到。小猪猪和爸爸一起离开时，看上去非常高兴，而且和往常不一样的是，她也没和我挥手道别。

① 参照梅兰妮·克莱因关于修复和男性力量的著作。

评论（咨询师解析）

1. 温尼科特的倾听。包括对温尼科特的控制。

2. 对分裂的男性性功能的控制=阳具恐惧。

3. 坦诚表现出的阳具妒羡。

4. 对男人及其男性性功能的解读，包括性幻想，即性功能分裂的终结。

5. 包括男人对与攻击有关的负罪感的修复（参照之前的治疗和她自己的抑郁状态）。

母亲来信，1965年7月10日

加布里埃尔又要求再见您一面。在非常健康之后，她突然又陷入了痛苦和无聊之中。

有一件事让我有点担心，那就是当我责备她时，她会野蛮地击打自己，例如，在我制止她弄出噪声吵醒妹妹的时候。她有时非常“好”，可是突然又会不惜一切代价地想要淘气和对抗。她的妹妹站不稳，充满愤怒地大哭，加布里埃尔站在那里，双手捂着耳朵，坚持自己的立场，但她随后就会让步。一般说来，她们都相处得非常融洽，会主动分享好东西，比如巧克力或饼干。

我还想告诉您一件事：她对做女孩有想法。她问我生宝宝的洞在哪里，然后问我是否也想做个男孩，她很想成为一个男孩，但没有详细说明为什么。她说，在学校，她不喜欢“男生”。我不知道这之间是怎么联系的。我们把浴室钥匙弄丢了，所以当她父亲洗澡的时候，加布里埃尔和苏珊会挤进浴室，而且变得有点兴奋。

我写给父母的信，1965年7月12日

我必须请你告诉加布里埃尔我现在不能马上见

她。我们会面的时间要等到9月份了。[①]

我对孩子的咨询进展并不感到绝望。孩子们必须在家里解决他们的问题，如果加布里埃尔能够找到解决目前问题的方法，我不会惊讶。当然，她想到我这里来，因为她已经来过很多次了，我一定会再见到她的，但不是现在。

母亲来信，1965年7月13日

我只是转达加布里埃尔自己的请求，并没有就她想见您的问题发表我的意见。我发现这些几乎不可能得到正确的评估，因为我太投入了。

加布里埃尔一直很沮丧，眼泪都流出来了，但我确信她有能力通过短期咨询来解决这些问题。从长远来看，她是否有足够的时间来创造性地利用她自己成长的力量，这是真正重要的事情，但我也无法对此作出评估。有时我觉得她有点虚伪，不完全是她自己，好像她没有把自己的一切都投入到她所说和所做的事情之中。但现在大概不是告诉您这些长期担忧的时候。

我完全按照加布里埃尔的要求，随信附上了她的话。

① 1965年的夏天是一段糟糕的时间，这段时间我在生病。D.W.W.

加布里埃尔的附言（口述）

亲爱的温尼科特先生，亲爱的温尼科特先生，亲爱的温尼科特先生，我希望你保重（我不会写字）。

母亲来信（2个月后）

加布里埃尔现在看起来很适应了，虽然我不知道是什么原因。她已成为一个很有条理、能安排好自己的小女孩，在采取任何行动之前都会经过审慎的考虑。

她喜欢她的幼儿园——她每天要上两个半小时的幼儿园——她渴望有一个朋友，但她很难交到朋友，通常是一个人玩，尽管她玩得很有创意。她似乎更愿意回家和妹妹待在一起，两人的关系变得很好。

她对母亲的态度比以前仁慈和友善多了。

她对人和事的洞察力（包括对我的了解），以及她对这些事情的表达能力，常常让我震惊。

当别人提到您的名字时，她就会表情严肃起来，并转移话题。当我告诉她您打电话询问她的情况时，她也是这样回答的（不过我通常不提我们的谈话内容）。过了一段时间，她告诉我，她知道了为什么"瓦蒂"（Wattie）——我们以前深爱的女佣——会离开了，是因为瓦蒂不再喜欢加布里埃尔了。她还说学校的孩子们也不喜欢她。

7月底8月初，她经历了一段非常艰难的时期，非常抑郁，半夜半夜地不能入睡。一开始，她不相信自己无法马上见到您。她经常做一个梦，梦见她的父母被切成小块，在某个容器里沸腾。一闭上眼睛，这个画面就会出现，所以她尽量保持清醒，不能睡着。

以下是我在8月7日录下的对话，在这之后已经持续了一段时间："那个梦又来了，那个令人心碎的梦。"——"你不能试着把它们整合在一起，让它们变得更好吗？"——"不，我不能。它们太小了，成了碎片。沸水会伤害我。那么小，就像这些小东西一样，会伤到嘴巴。我得去找温尼科特先生。温尼科特医生。他会让生病的人不生病吗？我觉得他对任何人的爱都比不上对我的爱。他那里有很多精巧的东西。我不能带苏珊去，她会把它们弄坏的。"

第二天，她说她想办法把那些小碎片拼在一起了，但总有人把它们拆开弄散。我不知道这个幻想最终的命运是怎样的，但它似乎慢慢平息下来了。

几天后，她宣布："我怕自己不是一个像现在这样的好女孩。我是一个漂亮整洁的女孩，我会整理好东西。"她非常注重整理东西（在这样一个凌乱的家庭里，这在某种程度上是一件幸事）。我觉得自己对这些事情的理解，只处于最肤浅的层面。

母亲来信（3周后）

加布里埃尔好几次要求见您。我不知道这些要求紧急到什么程度。

以前她让我告诉您她生您的气了，甚至不再想邀请您与她会面了。当我让她亲口告诉您或口述一封信时，她说她太害羞了。

她最近总是爱捣乱，她急切地想找一些“顽皮”的事情做，并自豪地宣布这一点。它通常以撕烂、切割或弄乱东西的方式出现。这是一种全新的行为，她对这些行为倒不那么焦虑，我的意思是不那么明显地焦虑。

她还花很多时间吮吸拇指和捻头发，所以她一定还是有一些烦恼。

3

每个孩子都拥有唯一只属于自己的父母

第十二次咨询
（1965年10月8日）

当父亲和孩子（现在已经四岁零一个月了）乘出租车来的时候，我正站在门口。父亲直接去了候诊室，我说："你好，加布里埃尔。"她盯着我，然后径直走进房间，玩具像往常一样被堆放在架子下面。她肩上的皮带上挂着一个相当重的皮包。她满意地看了看我，坐在地板上说："好吧，我们去看玩具吧。"然后她抱起毛绒小羊。

加布里埃尔：我们家里也有一个。很抱歉我们迟到了这么久，但是火车不停地停，然后火车的尾部着火了，幸运的是没有人受伤。（非常成熟的语言表达！）然后火车停了很长一段时间。火车应该开得快而且不应该停下来，但火车确实停了下来。

她一边说着，一边组装一辆火车，然后她一边玩着，一边低声自言自语。她把一辆马车、一辆四轮马车和一辆拖拉机等组装成短火车。有些车厢没有连接点，这让她有点困惑，我从她的低语中听到了这个信息："这连接不上……"她的处理是：要么修好，要么不要了。

这次我坐在椅子上，而不是地板上（这是我第一次这样），像往常一样写笔记。令人吃惊的是，她像往常一样，立刻就对我和所处的环境产生了信任。她很像是要给出一个例证，证明"在别人面前有独处的能力"，坐在地板上，玩着，咕哝着，显然清晰地意识到我的存在。

我注意到，当她弯下腰去拿新玩具时，她的身体偶然碰到了我的腿。这些动作一点也不夸张，而且发生的时候也没有退缩。她对她父亲就是这样。有时她几乎坐在我的鞋子上自言自语，声音很大，还发出火车的噪声。过了一刻钟，她说："唷！"这意味着天气相当热。无意中，她很自然地把头靠在我的膝盖上，一点也不做作。我还是什么也没说。她的包还挂在肩上。当她站起来的时候，常常一只手放在包上。

她把四幢长房子布置成一个正方形，再把另一幢房子放在中间。我知道这意味着一些重要的事情，与她能够成为一个容器有关，我在脑海中把它与她现在提着一个包联系在一起。就在这个时候，她取下了包，又脱下了羊毛衫。在我坐在椅子上时，她反复蹭我的膝盖，说很热，确实很热。接着她又玩起了一个陀螺的零件。这是隐约传达焦虑的第一个信号，虽然实际上整整一个小时她都没有表现出明显的焦虑。这种信号是从她看到我做记录时表现出来的。这只陀螺是散落在一堆玩具中的几个零件之一，在过去，它发挥了重要的作用。她从另一个篮子里拿出来几个玩具，一点一点地拿出来，很小声地自言自语，但除了“玩具”等某些字眼外，别人听不见她说话。

然后她转过身来笑了，我知道有特别的事情发生了。事实上，她找到了在过去的治疗中发挥重要作用的老式小型电灯泡。

加布里埃尔：给它围上一个裙子吧。

我用纸把灯泡包裹起来，它现在变成了一个女士了，她把这个灯泡放在我们面前的书桌上。

我：那是妈妈吗？

加布里埃尔：不是。

在咨询中，“是”和“不是”有着非常确定的意义，这是加布里埃尔说话的特点。

我：那是加布里埃尔长大后想成为的样子吗？

加布里埃尔：是的。

在咨询的情景设定中，我和她的联结又紧密了一些。我可以从发生的事情中察觉到焦虑。我看见她在用手指摩擦一辆小车。我知道那是手淫的象征，但我还是什么都没说。

加布里埃尔：这辆小汽车太傻了，它东走西走的，不知道想要到哪里去。

她把这个小汽车拿在手里翻了又翻。然后她拿了一个小小的玩偶作为女性。

加布里埃尔：这位女士总是躺在那里。她一次又一次地躺下，躺下，躺下。

我：那是妈妈吗？

加布里埃尔：是的。

我试图获得更多的信息，但没有成功。她继续玩，然后她说："现在我们得到了什么？"她自言自语道："求求你，能给我这个……还有这个……还有这个吗？"然后她对一些动物说："你们站起来。"她在谈到其中一种动物时提到了"黑"这个词。"黑色是什么。这是什么？"

我对加布里埃尔提及"黑色"的这个概念很感兴趣，此刻出现一个新的有关黑色的主题。

我：你看不见黑色吗？

加布里埃尔：我看不见你，因为你是黑色的。

在这里，黑色在一定程度上是一种防御，也就是说，她不是在我不在的时候看不见我，而是在我不在的时候想起我

我：*你是说，当我离开的时候，我是黑色的，你就看不见我了？然后你说要来看我。你好好看看我，我是浅色的，还是其他不是黑色的颜色？*

加布里埃尔：当我离开的时候，我看着你，你就变黑了。不是吗，温尼科特医生？

我：所以过一段时间你就得见我，好让我重新变白。

她似乎已经放下了这个想法，继续认真地玩下去。她试图让一个小人儿站在一辆卡车上，这是一项不可能完成的任务，就在这样做的时候，她的头撞到

了我的膝盖上。我不能完全理解发生了什么。

我：如果时间隔得很长，你就会开始担心这个黑东西，也就是我变黑了，然后你就不知道这个黑东西是什么了。

此时我指的是黑妈妈和她焦虑状态下的黑色客体。

加布里埃尔：是的（一种相当肯定的回复方式）。

我：所以，当你来见我的时候，需要好好看看我，以便把我变回到白色。

加布里埃尔：是的。

现在她把注意力转到她的手提包上，手提包就放在她坐着的地板上。

加布里埃尔：我的手提包里有钥匙，它在这里。我希望它就在那里（而且她正在摸索它）。它能帮你打开门。如果你想出去，我可以帮你锁好。你这里没有钥匙，对吧？

她花了好长时间才把包上的扣子扣好，嘴里嘟囔着："我不行；是的，我能行。"她不断地反复做着这些，就这样锁好了她的箱子，然后叹了口气，表示她做了很多工作（对冲突的工作）。

她又回到玩具旁，凝视着一个小篮子。在当时的咨询现场，除了我前面所写的，我什么也没说。她拿起玩具狗（小羊），挤压它的肚子。这让我想起了她之前两三次的做法，她把手指戳进另一个动物（玩具狗）的肚子里，把里面的东西掏得满地都是，把咨询室搞得一团糟。当然，她也想起了同样的事情，她说："温尼科特先生，那条狗在哪儿？"我指着一个大信封，里面其实是一只被掏空的狗，她说："哦！"

青春期的预演

她又开始摆弄汽车，把它放到鼻子下面和嘴里。她拿起一支画笔，碰巧是一支红色的蜡笔，把它往自己的肚子上戳，然后用它给灯泡女士的裙子涂上颜色，她给灯戴上一顶帽子（洗眼杯）。*她用画笔敲打着灯泡的头，也许是想给它涂上点儿颜色*，然后她把灯泡上的裙子脱了下来，她说过这代表成年后的自己，然后开始用画笔在裙子上画。之后，她重新调整了一下裙子。现在裙子上有了红色。接着，她在一所大房子的旁边放了一个小小的人偶。

我：那是什么？

加布里埃尔：他冲进教堂。（然后她说出了她一直在想的事。）袋子里的狗怎么了？它一直在那儿吗？

我：如果你想看，就打开看看吧。

加布里埃尔：好的。

她非常小心地将信封探查了一番，花了很多时间，最终也没有从信封里把狗取出来。最后，她把信封揉成一团，又把它放回架子下面的原处，说道："它的鼻子掉了，它失去了鼻子，袋子里的狗。"

我：上次你把它肚子里面都弄出来了，弄得满地都是。

加布里埃尔：是的。

我开始玩诠释游戏："如果我是妈妈，它

就是乳房；如果我是爸爸，它就是小便。”她非常明确地说：“不，这是小便的‘那个东西’（‘不’指的不是乳房）。”

我：你想制造一个婴儿来摆脱混乱。

加布里埃尔：是的。

我：但你却不知道如何制造一个婴儿。

加布里埃尔：不。

她正在玩一辆火车，开始显现出焦虑的样子，虽然并不明显。

加布里埃尔：我们马上就要坐火车了。我们把苏珊留在家里了。苏珊可能会很生气，因为我们离开了这么久。

我：这时你会有点害怕，因为在火车上你可以完全拥有爸爸，特别是当你想到对他做些什么的时候。你想对爸爸做同样的事，就像你把玩具狗肚子里的东西拿出来一样。当你爱我的时候，这种爱会让你想要吃我的小便（第一次出现在对咬人的蛇的恐惧中，参照前面）。

她对她操纵的一辆马车说：“别拉我的裙子！”然后，她开始穿上开襟羊毛衫，这次花了相当长的时间才穿好。

我：当你想到要把小便里的东西都吃进去时，你真的有点害怕。

加布里埃尔：是的。Katchou！（她真正的意思是，“天气是不是很热，我有多么累啊”。）

我：你需要我帮助吗？

加布里埃尔：不需要。

于是我做了一大段解释。

我：一想到那个黑色的温尼科特，你就有点害怕，他在那里，但你看不到他；或者他其实不在那里，而你因为他不在那里而生气。你也害怕从狗身上掉下来的鼻子，因为它会咬掉我的小便。你生我的气是因为我不能总是属于你。你还害怕这样一个念头：当你爱我的时候你会把我小便里的东西都掏出来。

加布里埃尔：是的。

我：如果它是母亲的乳房，你得到里面的东西会变胖和长大，但当它是小便时，你是想要里面的东西来制造婴儿。

加布里埃尔：噢！是的。

我：你包里的钥匙就像在你身体里的一个地方，用来储存你从我这里得到的东西，一个你可以保存的小东西，一个可能会变成婴儿的东西。

说话的这段时间里，她一直在穿她的开襟羊毛衫。时间已经过去了45分钟，她说了一些一切都要完成了的话。开襟羊毛衫已经穿上了。她累了。她站了起来，用手摸着包。她打开包，拿起钥匙，用钥匙在锁上乱涂乱画。

我：如果你是一个男人，你会把你的小便插入裙子下面的洞里面。

焦虑，退行性防御

加布里埃尔：*你知道我在火车上要喝些苹果汁吗？爸爸说我们一定要记得给苏珊带些回去。*

我：你对独占了我感觉有一些害怕。当你独自占有我或爸爸的时候，你让小便进去制造婴儿，这样就不用去攻击它，不用把它里面的东西撕碎了，这样你就不用那么害怕了。可是那样一来，你觉得苏珊就会嫉妒了，因为它是那么的美好。

加布里埃尔继续玩她的玩具。在这段时间里，她没有明显外露的焦虑，只是观察者（咨询师）根据她的行为和语言推测出有一点。她玩了两个玩具（客体），然后是三个，然后是四个。

我解释说，她向我展示了她可以把两个人放在一起，她可以夹在爸爸妈妈中间加入或者分开他们，那就是三个人。但是，苏珊的加入是她无法处理的——第四个人的存在显然是不合适的。这大概就是我想解释的。

加布里埃尔：温尼科特先生，我想去一下洗手间，马上就会回来的。

她走出去，把她的包和玩具一起放在地板上，信心十足。她小心翼翼地关上了门（以前她来的时候，关上门是很困难的。它被修补过，而且她似乎注意到了变化）。过了三分钟，她又回来了，小心翼翼地把门关上，继续玩。

加布里埃尔：（把手伸进袋子里）在哪儿？我把它放哪儿了？在哪里……（重复）钥匙应该在里面，但没有。哦，它在那儿（躺在玩具堆里）。

于是她拿起钥匙，在我的门上试了试。（门闩盖住了钥匙孔，而且因为油漆卡住了，所以无法移动。我试着帮忙，但失败了。）

我：你可以到另一边（外面）试试。

加布里埃尔：但是我会把自己锁在外面的（故意开了个玩笑）。我想待在里面。然后当我想去的时候，我就打开外面的锁……（暗示：这个想法行不通。）我不可能进来再让我自己出去。我只有把自己锁在里面才能出去，很快……

我：马上就该走了。

加布里埃尔：是的。如果我从外面锁门，我就把你锁在里面。

我：那我就像包里的这把钥匙（这是不言而喻的）。现在是结束的时候了。

她准备好要走了，于是她拿起手提包，把钥匙放了进去，放进了合适的夹层里。但她从包里掉了一张明信片。我把这件事告诉了她，她给我看："几只兔子正在过河，我们出去散步时有时也会这样。"她走了出去，用她的魔法钥匙关上了门，说了声"再见"，声音透过关上的门传了过来，她迎着父亲，两人一起走了。

评论（咨询师解析）

这次咨询中，我坐在椅子上，这是第一次。

1. 内化客体的容器=温尼科特的抱持和保护。

2. 她把自己打扮成穿裙子的女孩。

3. 阴蒂自慰的活动。

4. 女人总是躺下的想法（月经主题前的准备）。

5. 黑色是对缺失的否认（对“看不到”的否认），掩盖对缺失客体的记忆。

6. 她包上的锁。钥匙插在门锁里。裙子上的红色（月经）。女性生殖器性欲的概念——外阴，阴道。

7. 对农牧神（或狗）的肚子进行虐待性攻击，这一点需要引起警觉和关注。

8. 来自男人的婴儿。对不成熟的容忍。

9. 第四个人的主题——她的妹妹（苏珊）没有位置。

母亲来信

非常感谢您把您和加布里埃尔上次的咨询记录打印出来发给我，您真是太慷慨了，您知道我会非常乐意读到它。

我想我丈夫在电话里告诉过您，自从上次和您面谈后，她变得平静多了——很少吮拇指了，很少有破坏性的发作，对自己的缺点也有一种轻松风趣的态度。

前几天我突然想到，我们总是写信给您，告诉您加布里埃尔出了什么问题，而没有告诉过您那些她做得好的事情。但在之前写信的时候，说出问题似乎是最紧迫的。

我想告诉您——尽管您可能知道这一点——给您写信对我帮助很大。不知怎的，当我给您写信时，我的困惑和恐惧就有了具体的形式，您的回信以极大的理解来接受我的困惑和恐惧，让我有和您在一起的感觉。我相信这一切都在帮助我们克服对加布里埃尔症状的焦虑，并帮助我再次找到和加布里埃尔相处的正确方式。

在苏珊出生的时候，我的焦虑非常强烈——我忘了有没有告诉过您：我有一个弟弟，我非常憎恨他，他出生的时候，我几乎与加布里埃尔在苏珊出生时一样大。

母亲来信

当我坐下来给您写信的时候，您的信来了。加布里埃尔似乎看起来都很好。她不再忧伤地吮吸拇指，而是全身心地玩游戏，寻找属于自己的游戏。

两三天前，她说她做了噩梦。温尼科特医生并没有帮助她。——然后又问："电视天线被吹倒了，那些男人是怎么把它们重新立起来的？"

第二天吃午饭时，她说："我去温尼科特医生那里看得越多，我做的噩梦就越多。"我有点自大地说："也许他们想告诉你一些事情，你应该听听这些梦想说什么。"——"我不愿意。"她对苏珊说："我们要给温尼科特医生寄一把刀，把他的梦都切开。"然后对我说："为什么叫温尼科特*医生*？"（她经常这样问。）——"因为他*是*医生。"然后开玩笑地说"docdoc"这个词，苏珊用这个词来表示巧克力。

午饭后，她口述了随信所附的信。后来，她说："温尼科特医生收到这封信会觉得很有趣。"——我："这封信是逗趣的，还是严肃的？"——"两者都有一点。"

加布里埃尔的来信（口述）

我们会送你一把刀，把你的梦切开；我们会送你手指，把东西举起来；我们会送你一些雪球，让你在下雪的时候舔一舔；我们会送你一些蜡笔，让你画一个男人。我将送你一套衣服，等你上大学时穿。

祝福你的花儿，你的树，还有你鱼池里的鱼儿。

爱你的

（签名）加布里埃尔

我们会带着美好的祝愿来看你。

（其实我没有花园，但从咨询室的后窗可以看到一个小小的屋顶花园。）

母亲来信

我上次给您写信是在三四天前，现在加布里埃尔很伤心，躺在地板上吮吸她的拇指，哪怕是最轻微的刺激也会流眼泪，晚上也睡不着。她迫切要求见您。她好几次问我她写给您的信里写了什么，说她自己忘了。

在她口述之后的第二天，她躺在地板上，拇指含在嘴里。“累了吗？”——“不，我很难过。”——“？”——“关于温尼科特医生的事情，关于温尼科特医生的小便。”——“我明天要见温尼科特医生。这次我一定要告诉他是怎么回事。”——“幸好你知道，大多数人都不知道。”——“我不知道，不过我随时可以告诉他。”

她“不小心”把一篮子苹果从楼梯上掉到苏珊身上，还摔坏了她的电话。后来她对自己很凶，让苏珊打她，而且打得很狠。我发现她这种强烈的自责有点可怕，尽管除了最近，这种自责没有再出现过。

备注：重新读了我写给您的信，我觉得我把它描绘得太阴暗了。我所描述的只是最近才突然出现的情况，尽管如此，我觉得自从上次和您会面以来，她的状态总体上是好的。

第十三次咨询

（1965年11月23日）

加布里埃尔（现在已经四岁零三个月了）有一个相当特别的出场，以羞怯为特征。她走进房间，关上门，径直走向玩具。我又坐在椅子上，在桌子上做记录。

加布里埃尔：出来（她把所有的玩具都搬到地板上，自言自语地说了很多次）。教堂就在那里，不是吗，温尼科特先生？（房子的布置有些特殊）。小房子在一排，大房子在另一排。

我们一起讨论了这样摆放玩具的意义：孩子们一排，大人们一排。

加布里埃尔：是的，这些是大人，这些是孩子。

然后她把孩子分给了大人。

加布里埃尔：你知道苏珊在等待晚餐时，从婴儿车里掉了下来，划破了嘴唇吗？她正在吃晚饭。她把嘴唇咬伤了。现在没事了。难道不有趣吗？嘴唇没事了。

我：你好了吗？

加布里埃尔：没有。我有一个伤口，我抓了很长时间。

她是在暗示她与苏珊相反，她的伤口一直没有好。我能看出她在以我的各种角色来讨论我。

我：苏珊一直没来看我。

（我知道她经常想带苏珊来，但她不能带苏珊来，这样我就完全属于她自己了。这对她来说很重要。）她继续玩，说："你看，它从火车上掉下来了，我自己能修好它。"而她确实修好了。

我：你可以当个修理工，所以你现在不需要我做修理工了。我就是温尼科特先生。

加布里埃尔：有些男人在火车上做修补工作。你知道吗，没有座位，我们不得不站着，我们走啊走，然后我们找到一个地方，我们坐在一个有袋子的地方，有人把包落在那儿了。

她排了两辆卡车，有时是头对尾，有时是尾对尾。然后她说："所有的国王的马都放不了……"

我：他们不能修补矮胖子（英国童谣中从墙上掉下来摔得粉碎的蛋形矮胖子）。

加布里埃尔：不，因为他是一个鸡蛋。

我：你觉得自己不能被修复。[①]

加布里埃尔：每天晚上苏珊都想吃鸡蛋，她

① 我在这里应该是犯了个错误，我应该等待和包容她的发展。

太喜欢吃了。我不太喜欢吃鸡蛋。苏珊很喜欢吃鸡蛋，她除了鸡蛋什么都不吃。这不有趣吗？

这里她遇到了在现实中修复的麻烦。

加布里埃尔：我没有地方固定这个。没有钩，我们能找到吗？

她把玩具和各种火车、卡车、房子排成平行线，排列有序，但不过于精准对齐。加布里埃尔说："温尼科特医生给我准备了很多玩具。"她继续操纵着火车，把它们从混乱中整理出来。

加布里埃尔：钩子掉出来了，这不是很傻吗？我正在修补它（她做到了，非常熟练）。我真的可以把它放进去。

我：加布里埃尔也是个修理工。

加布里埃尔：爸爸会修理东西，我们都是聪明人。妈妈一点也不聪明。我在学校给自己做了一台拖拉机，所以也给苏珊做了一台。在做的时候，我用了很多胶水。胶水弄得一团糟。那是一辆不错的拖拉机。给苏珊的，但我忘在学校了。然后学校期中放假，我没法拿到它。你知道吗？温尼科特先生，火车开得很慢，但在去伦敦的一路上都没有停（今天雪下得很厉害）。然后它又很快开走了。

突然，加布里埃尔注意到在她头顶上方的架子上放着一个大碗。

加布里埃尔：我喜欢那个有中国图案的碗。

她表现出了普通孩子玩游戏的一切特点。我们不得不一圈一圈地转那个大碗。她说："有一个孩子摔倒了。"她注意到了所有事情，并为此感到高兴。

加布里埃尔：（唱歌）我已经很长时间没有见到你了，所以当我来看你的时候，我很害羞，我明天和再明天都再也看不到你了。

我：你对此感到难过吗？

加布里埃尔：是的。我希望每天都能见到你，但我不能，因为我要去上学。我应该去上学了。

我：以前你是来被修复的，现在你来了，因为喜欢这里。当你需要被修复的时候，不管你是否要去上学，你都来了。但是现在你就只是喜欢这儿而不需要被修复，所以不能经常来了。这令人伤悲。

加布里埃尔：当我来看你的时候，我就是你的客人。你来牛津就是我的客人。这不是很奇怪吗？也许圣诞节后你会来看我。

我：你今天有什么需要被修复的吗？

加布里埃尔：没有，我不再摔碎任何东西了。现在我把这个东西拆成碎片。这个螺丝插进去了。

我：好的，你自己修复它吧，而且你可以自己修好自己的。[①]

---

① 我也可以说"你把温尼科特修理工放在你的心里面随身携带着"，等等。

加布里埃尔：今天苏珊进了狗窝。这是一个新玩具。

她踩着玩具大象，大象发出了吱吱声。

这时，她请我帮她修理火车，她在这辆火车上遇到了点困难。

加布里埃尔：你是医生，真正的医生，所以你才被称为温尼科特医生。

我：你是喜欢被修复，还是喜欢来这里寻找快乐？

加布里埃尔：寻找快乐，因为这样我就可以玩得更多了（她非常明确地说）。我听到外面有人在吹口哨。

我并没有听到有人吹口哨，我说："也许是我写字发出的声音。"

加布里埃尔：不。现在有人喊叫（真的有人在喊叫）。没有足够的钩子。我们来的时候有点早，所以我们四处走走，所以我必须给苏珊和妈妈买些东西。我喜欢苏珊和妈妈。

我：这里只有加布里埃尔和我。你来看我时，苏珊生气了吗？

加布里埃尔：你知道苏珊吗，她喜欢看我跳舞。她多大了？她两岁，我四岁。再过一个生日，我就五岁了，苏珊三岁。

这时，她几乎把所有的玩具都排成了平行线，大约有十到十几条这样的线，其中一组是三间房子排成的线。

加布里埃尔：温尼科特医生，我只是去上厕所。你照看着玩具。别让爸爸进来。

她出门时小心翼翼地把门关上，走了大概三分钟。

加布里埃尔：温尼科特先生，我要比平时多待一段时间。*如果我有更多的时间，我可以玩得更多。我不需要匆忙离开。*

自我放纵、享乐的能力，同时也引起了焦虑

我：有时候你会对某件事感到害怕，所以你会突然想走。

加布里埃尔：因为很晚了。我解不开这个（我没有为她解开）。你觉得这个能放上去吗？（即书架上那个七岁女孩的画像。）这个也可以到上面去。别把它们拿下来，把它们留在那里。

我：直到你下次再来。你觉得这给了你再次来见我的希望。

加布里埃尔：永远不要拿下来。

然后她看了看装在椭圆形底座上的画像，说："看，她在一个鸡蛋里。"

我：如果她没有地方可去，她就会像鸡蛋矮胖子一样摔得支离破碎。但这里有你的座位，你可以待在这里。

然后她给我上了一堂关于鸡蛋的课。

加布里埃尔：如果你把一个生鸡蛋打碎了，因为它是软的，鸡蛋会溅得到处都是，所有东西都会变脏，但如果煮熟后再打开，鸡蛋就只会变成碎屑。

我：我给加布里埃尔一个鸡蛋，她感觉很好。

加布里埃尔：是的。

她先把所有蓝色的房子围成一个圈，红色的房子在中间，又说："我要做一排这样的房子。"然后把所有的房子彼此挨着，排成一排。

加布里埃尔：如果还有更多的玩具，我也会把它们摆成一排。

她正忙着收集小人、树木和动物——"很多的东西"（一直在说话）。她尽量把它们放在地毯上。我听不清楚她在说什么，因为她一直在自言自语，快乐、轻松、满足、富有创造力和想象力。她背对着我，说了类似这样的话："我就这样留下它。温尼科特先生，我可以拿走这个、这个和这个吗？我会把它们带回来的。我要两个。我会给你留三四个。我有三个。"（事实上，到最后，她根本没有拿任何东西，而且显然已经把这件事忘了。）

加布里埃尔：该谁清洗浴缸了？

这似乎是一个很难回答的问题。这与她和妹妹在这一特权上的竞争有关。我并没有想当然地认为：从父母的角度来看，这个问题在家里确实存在竞争。她拿起一些动物玩具，并发出动物的叫声。

加布里埃尔：我喜欢清洗浴缸。你待在那儿（她在和动物们说话），不是你，奶牛，是你，狗。你，奶牛，不要动，否则，你们会被变成女巫。

我：你在告诉我一个梦吗？

加布里埃尔：是的。我不喜欢它。这是可怕的。我变成一个有着一双小脚的小人儿。早上我变成了巨人。从前，他们没有商店。

我：嗯？（我鼓励她继续。）

加布里埃尔：嗯，他们没有开商店，如果他们卖薰衣草，他们会到处吆喝："谁买我的薰衣草？"（唱歌）……一便士就可以了。如果苏珊不让人上楼，他们就得付六便士，那不是很多吗？我只让他们付一便士，不多吧？

我试图弄明白她在暗示什么，貌似和苏珊的小气有关。然后她向窗外望去。

加布里埃尔：有人有屋顶花园，这真有趣。我上不去，我想知道他们是怎么浇花的。他们用一根铁棒打开窗户，然后把水灌进烟囱一样的喷壶里，让它喷所有的花，这样所有的东西都得到了灌溉。他们用勺子把水舀出来，然后再做一次。（过了一会儿）那是你的小棚子吗？哦，你到不了那里，对吧？那些是塑料花吗？

我：不，它们是真的。

加布里埃尔：我喜欢塑料花。那些是塑料的（不是真的）。

我：你喜欢真实的还是塑料的孩子和动物？（这时她选择了真的。）

加布里埃尔：那个木制的东西是什么？（她在书中发现了另一个孩子留下的木制圆柱形尺子

的一端。）要我把它拿出来吗？

我：好。

加布里埃尔：是作什么用的？

我：它是一把尺子。

加布里埃尔把这把尺子当擀面杖用，好像这正是她一直在寻找的东西。首先是擀油酥皮。这是另一个角色，那就是厨师，我向她指出了这一点。旋转和滚动尺子发展成一个遍及整个房间的游戏。

加布里埃尔：当女人来修东西时，厨师假装睡觉。你得让她醒过来，然后她才能再煮一些。

她试图表达：当温尼科特扮演一个角色时，其他的角色发生了什么。会做修复的医生温尼科特度假去了，还有一位会做饭的厨师温尼科特先生。当她需要治疗时，温尼科特医生就会回来。然后她走向煤气炉。

加布里埃尔：你是怎么点燃煤气炉的？

我走过去并示范给她看。

我：现在修理师温尼科特和厨师温尼科特都走了，还有另一个温尼科特，老师温尼科特。然后，还有一个会玩游戏的温尼科特。

（对我自己来说，在这个场景中，毫无疑问，这四个角色中最有价值的是游戏角色，尤其是那个我称之为“独自面对自我”的角色。）她提醒到还存在另一个角色，这个角色与废纸篓的使用有关，而废纸篓可以被认为是那个帮助她处理掉她用完东西的温尼科特（垃圾箱温尼科特）。

在这个过程中，加布里埃尔开发了一个有组织的游戏，我们来来回回滚动尺子，她越来越靠近我，这样当她滚动尺子时，它就会撞到我的膝盖。此时，她赋予了我第五个很重要的角色：一个她移动的时候会碰到的人，这样，她就可以从她真实的自体中来区分哪些不是她自己，什么是真正的她自己。

有一次，当尺子打到我的膝盖时，我翻了个身，兴致勃勃地玩这个游戏，想让她得到她所需要的满足。（对于这个年龄的孩子来说，要想从游戏中获得意义是不可能的，除非首先游戏是*被玩的并且被享受的*。游戏治疗的一个原则是，在游戏内容被用来解释之前，治疗师一定要让游戏中的儿童感到享受和乐趣。）

加布里埃尔似乎已经列出了各种她利用我的方式。

在最后一段时间里，她感觉到她待在这里的时间比平时长了一点。*因为当她不再感到害怕*，能够得到快乐，并以一种积极的方式表达她和我的关系时，*她喜欢和我在一起*。最后，她在给我的角色清单上又加了一个，说："我让你收拾好这里的东西。"于是她走了，小心翼翼地把门完全关上。她从候诊室接走了她父亲。

这一次，我打开了门，向他们俩道别，因为在某种程度上，这是一个父性角色应有的姿态，我觉得加布里埃尔已经完成了她想对我说的话。

评论（咨询师解析）

1. 把成年人分配给孩子——确保我完全属于她自己。

2. 成为她自己“修复者”能力的发展。

3. 火车（分析过程）慢慢地走，但目的地是伦敦=它的终点。

4. 看到咨询即将结束所带来的悲伤。

5. 在我生命中她的位置是安全的。

6. 牢固地组合在一起的表达，她现在心满意足，富有创造力。

7. 对她使用过的关于温尼科特各种角色的回顾。

父母来信（写在度假过程中）

加布里埃尔给我们看了您的来信。您给她安排了这次会面，真是太好了。

在很多方面，她都保持着良好的状态，精力充沛，热情洋溢，在创作游戏和歌曲方面也颇有创意。

近期她经常徒步数小时，在冰河里划船，享受在艰难的道路探险，很好地体现了她所谓的“女汉子”的一面。

与陌生人接触时，尤其是面对男性，她是害羞的，非常不自然，经常以一种痛苦且做作的温柔来应对。陌生人通常更喜欢她的妹妹苏珊，苏珊有一头卷发，性格外向，大方而不害羞。而对于加布里埃尔，人们更多的是好奇她为什么这么害羞。

加布里埃尔和苏珊很亲近，她对待妹妹非常细心，甜言蜜语哄着她，经常担任着我们和苏珊之间调解人的角色。让我们触动的是，她经常试图用委婉或创造性的方法，而不是直接的攻击，来获得自己想要的，尽管有时她很痛苦，无助，被嫉妒所折磨，而这时苏珊做什么都不对。

有一天，在一场激烈的争吵中，她突然吻了苏珊说：“但是我喜欢你。”这与苏珊截然不同，苏珊时而狂热地崇拜加布里埃尔，时而又无情地想要摧毁她姐姐的优越感。

第十四次咨询
（1966年3月18日）

加布里埃尔（现在四岁零六个月）是她父亲带来的。她显然很高兴再次来到咨询室的门前。我静静地站着，她慢慢地蹑手蹑脚地跟在她父亲的后面，偷偷地走进屋子，径直去往咨询室，说：“我要脱掉我的外套。”她把外套扔在地板上，立即去拿玩具。她一边摆弄玩具，一边说着：“达特，达特，德尔；哦，这都缠在一起了。”我意识到她鼻子不通。不久，她又咳嗽起来，但除此之外，她的身体状况很好。

加布里埃尔：在那儿，在那儿，就在那儿。

她背对着我，在地板上忙得不可开交，她似乎正与其他来访的人保持联系。她用语言描述她正在做的事情。在某个时刻，她说：“这真的是这样做的吗？方法对不对？”她表现出一个显而易见的超我（对超我熟悉并认同）。我说：“是的，我想方法没错，但是你可以按你喜欢的方式去做。”

加布里埃尔继续讲述她是如何找到这些玩具的。就像她把它们放在一个包里一样，这时她发现一个包里有两个玩具，另一个包里也有两个玩具。她试图把不同种类的火车的车厢联系起来。然后，她像往常一样，给了我一些东西来修理。当我修理的时候，她走到书架上的一个新玩具前，那是一个小男孩拉着一个小女孩的雪橇。

加布里埃尔：是圣诞节的礼物吗？真可爱，它能动吗？

我：你想象它在活动时它才动。

然后，她走回来要我修理的玩具。

加布里埃尔：谢谢你，我要把所有的玩具都弄出去。

她把所有的玩具都堆在地板上，像重新和老朋友们联系一样。

加布里埃尔：看，这个篮子有草莓污渍，这个也有。

所以它们都是放草莓的篮子。随着一声惊叫，她拿起篮子，把里面的东西全倒在其他玩具身上。

加布里埃尔：这个应该在那里，不是吗？

她把书架上的驴和马车挑了出来。

我：它是怎么和其他东西混在一起的？

加布里埃尔：有一次我们从上面把它拿了下来。

这时她触碰到了我的腿。她抱着小羊说：“狗怎么样了？”我把装着狗的残骸的信封递给她。

加布里埃尔：它为什么在里面？（她往里看了看。）你还没有把它修复好。你不是淘气吧！你一定要把它治好。

然后她拿起那个神秘的东西说："这是什么？"我们从来都不知道它是什么，可能是响铃陀螺的一部分。

加布里埃尔：这是什么？这个不好。

我说那是一艘油轮。她的意思是它没有钩子。现在，她重新认识玩具的环节接近尾声，她说："哪里有贝壳吗？我想听声音。"这时她正坐在我的脚上。我说了一些关于她和父亲坐在沙滩上的话。这个情景让她感觉到海滩与自己的关联，她似乎相信自己听到了大海的声音。

她拿起一列有许多轮子的火车，一个一个地数着轮子，并给它们上色，爱不释手地抚摸着火车头，把它放进嘴里，在她的大腿上摩擦，然后将火车从后到前翻过她的头顶。这变成了一个游戏，火车头从她的脸上掉了下来，掉在地板上，伴随着一种恍如高潮的声音。她试着把火车和马车连在一起，但没有成功。她拿起老人和男孩的玩偶，让他们坐下，说："你坐在这里。你坐在那里。"接着，她又重提旧事，说："你能（在灯泡上）画画吗？要锯齿形的线条。这是一个真正的灯泡。"我把它弄掉了。

加布里埃尔：灯泡应该亮起来。

她现在几乎把玩具都玩完了，她问我："你去教堂吗？"我一时不知道该回答什么。

我：嗯，有时候去。你呢？

加布里埃尔：我想去，但是爸爸妈妈不想去。我不知道为什么。

我：人们为什么要去教堂？

加布里埃尔：我不知道。

我：这和上帝有关吗？

加布里埃尔：没有。

这时她正拿着一个房子喃喃自语。现在她要从上次咨询的游戏中拿些玩具来，她说："那个滚动的东西在哪儿？"这是其他来访者留下的圆柱形尺子（她上次把它当擀面杖一样滚动）。我找到了它，她现在设计了一个游戏，这是她与我交流的主要内容。由于曾经玩过，所以我们可以使用各种各样的捷径。在咨询的前半部分，我们面对面地紧紧地跪着。她把木尺滚给我，以这样的方式"杀"了我，我死了，而她则躲了起来。然后我活过来，却找不到她。有时是我杀了她，我们这样做了很多次。

渐渐地，我在这个游戏里形成一种解释。游戏越来越清楚地显示出它与悲伤有关。比如，如果她杀了我，那么当我恢复过来的时候，我就不记得她了。这是一种以她躲藏的方式来呈现的象征，但我最终还是找到了她，然后我说："哦，我想起来我忘记的是什么了。"虽然这个游戏包含着巨大的快乐，但也隐藏着焦虑和悲伤。

无论谁躲起来，都必须留下一条腿或什么东西露在外面，这样丧失者无法记住的痛苦就不会持续太久或太极端。

对分离和结束的各种反应进行工作

除开其他因素之外，这个游戏可能与她很长一段时间没见到我有关。渐渐地，这个游戏又发生了改变，它的“隐藏”环节被强调，变得尤为突出。举个例子，我不得不爬到她藏着的桌子后面，然后我们两个都在那里。最后，很明显，她是在玩一个关于出生的游戏。在某个时候，我说得很清楚，她高兴的原因之一是她独自拥有我。有一个细节可以佐证：当她走出前门时，我听到她问她父亲“苏珊在哪儿？”

后来的游戏是：我不得不反复地从窗帘后面突然跳出来，这似乎象征着婴儿的诞生。然后我不得不变成一个房子，她爬进房子里，迅速地变大，直到我再也控制不住她，把她推出去。随着游戏的进行，我说：“我恨你。”并把她从我身边推开。

她在这个游戏中很兴奋。突然她感到两腿之间很疼，就出去小便了。这个游戏的高潮与以下内容有关：当胎儿太大时，母亲需要把孩子生出来。与此相关的是生命变大变老的悲伤。玩这个在母亲肚子里变大并出生的游戏，消耗十分大，是相当困难和令人疲劳的。

游戏中没有太多敌意。治疗结束时，她拿着咨询室里的两块窗帘来回奔跑着。

加布里埃尔：我是风，注意！

我提到了呼吸，这是生命的基本元素，在出生前，生命是无法享受呼吸的。

在这个时候，她想离开了。

评论（咨询师解析）

1. 与超我协调一致。
2. 拥有享受生殖器乐趣的潜在能力的证据。
3. 修通对扩展性分离和准备结束咨询的反应。
4. 出生的主题。

第十五次咨询

（1966年8月3日）

加布里埃尔（现在已经快五岁了）和她父亲一起来了，她看起来很健康，更像一个完整的人。对于来咨询室，她满心渴望，充满了期待。我们聊了聊她刚刚度过的假期，也聊了聊我的房子，当时水管工正在对我的房子施工。她径直走到玩具堆前（这时父亲去了候诊室），我还没坐到小桌子旁的矮椅子上，桌上放着我做笔记的文件，她就说："乖狗狗。"她手里拿着那个老旧的响铃陀螺的部件。"我现在四岁了——已经是8月份了。"（意思是她马上就五岁了。）这时发生了许多无法记录下来的事情，因为我记录的是在混乱中涉及所有玩具的一种速记。

加布里埃尔：船只。我的灯笼裤。滚子在哪里？

我给她看上次她用来做特殊游戏的圆柱形尺子。

加布里埃尔：太好了。我们可以玩游

戏了……

我走到房间的中央，我们各就各位。我假装对这个游戏不太了解，然后她向我演示了如何来回滚动尺子，当它碰到我的膝盖时，我被杀了，倒在地上死了，然后就会有一段捉迷藏的时间。当我做记录时，她说：“你总是在写。”我告诉她我是如何做笔记的，这样我就能记住发生的细节。

> 我：我其实不需要笔记就能记住所有的过程，但我不能记住细节，我喜欢记住所有的信息，这样我就能思考所有的事情。

我们来来回回玩着滚尺子游戏，当她杀了我之后，开始捉迷藏，然后我杀了她，藏了起来，让她来找我。我说她是想让我知道，当我们分开或度假时，她会忘记我，我也会忘记她，*但我们确信，我们能找到彼此。*

不会让人绝望的分离

她很快就用这种捉迷藏的语言讲完了她要说的话，然后回到玩具们那里。在这里，她故意做了一件很诱人的事。她拿起那个有人脸的小电灯泡放到嘴边，用一种意味深长的方式打量着我，然后她撩起裙子，抬到了短裤的位置。这是一种音乐厅舞会的邀请方式。她说起了母亲提到的“仁君温瑟拉”的顽皮方式：

> 加布里埃尔：仁君温瑟拉即将参加斯蒂芬的盛宴。一个雪球打在他的鼻子上，把鼻子弄得凹凸不平。那天夜里，月亮美丽地照耀着大地，虽然痛苦无法忍受。这时医生出现了，骑着骡子……

在这一段充满兴奋的情节中，我从信封中拿出了那只狗，与她合作表演。它的角色是灯泡上画的那张脸的备份。

加布里埃尔：我来给你看看我能画什么。我几乎不会画耳朵，它有着长长的头发，迷人的头发——看啊，我已经画到另外一张纸上了，画到了桌子上。这是个小涂鸦了……

这时我说，她画这幅画好像是要给我看一个梦，有些梦已经蔓延到现实生活中了。这似乎正是她想要的，因为她开始给我讲一个梦，这也许就是她想来告诉我的。

加布里埃尔：我梦到你了。我敲过你家的门。我看到温尼科特医生在他花园的泳池里。于是我一头扎进去。

对分析的工作进行了总结

爸爸看到我在泳池里拥抱和亲吻温尼科特医生，所以他也跳进水里。然后妈妈、苏珊和（这里她列举了家族的其他成员，包括四个祖父母）都冲了进去。那里有鱼，什么都有。水干了，只剩下一个小水滩。于是我们都出来在花园里散步。爸爸降落在海滩上。这真是一个好梦啊。

我觉得她已经把一切都带入了移情中，并以这种方式重组了她的整个生命，重组的基础是与分析师和分析师内在的主观人物之间积极关系的体验。

我：游泳池就在这个房间里，在这里，一切都发生了，一切都可以通过想象来发生。

她说她的手湿了，因为她在游泳。

加布里埃尔：我要在灯泡上尽情地画。

她现在开心且平静，把小玩具和玩具碎片都倒了出来。她唱的是《在一起》的主题曲。

加布里埃尔：你的地板真是一团糟！

我得去修一个钩子。她要把所有的玩具都投入使用，说了很多次。然后她拿起父亲形象的塑像（大约三英寸长，非常逼真，是用类似管子清洁器的材料做的），并开始虐待它。

加布里埃尔：我在扭他的腿（等等）。

我：噢！哎呀！（发出痛苦的声音，这是我对分配给我的角色的一种诠释。）

加布里埃尔：更用力地扭他——是的，现在是他的手臂。

我：噢！哎呀！

加布里埃尔：现在是他的脖子！

我：噢！哎呀！

加布里埃尔：现在什么都没有了，他已经完全扭曲了。我要再扭曲你一下。你哭得很厉害。

我：噢！噢！哎呀！哎呀……

她很高兴。

加布里埃尔：现在什么都没有了。他的腿都扭断了，现在他的头也掉了，所以你不能哭。我现在就把你扔了。没人爱你了。

我：所以苏珊永远不能拥有我。

加布里埃尔：*每个人都讨厌你！*

这时，她拿起一个相似的男孩儿玩偶，对它重复

因憎恨而憎恨，参照前面的治疗

着刚才的动作。

加布里埃尔：我要扭断他的双腿（等等）。

在这一切中间，我说："所以，你创造的温尼科特是你的了，他现在已经用完了，再也没有人能得到他了。"

她催我接着哭，但我抗议说，我已经哭完了。

我：都过去了。

加布里埃尔：没人会再见到你。你是医生吗?

我：是的，我是一名医生，我也可以成为苏珊的医生，但你创造的温尼科特已经永远没有了。

加布里埃尔：我创造了你。

她在操纵火车（制造火车噪声）。

加布里埃尔：我想把这个弄下来。

我：它掉不下来。

她知道拖拉机和干草车厢是连在一起的，分不开。

加布里埃尔：哦，亲爱的，它掉不下来了。

她说现在一切看起来都是蓝色的，她正拿着两个洗眼杯，透过它们来看向四周。她问如何才能把它们戴在眼睛上。这让她感觉自己正在游泳或是在水下面。我告诉她如何把自己的眼部肌肉夹紧，以便洗眼杯可以固定在眼睛上。经过几次模仿，她终于可以夹住一只洗眼杯了。

加布里埃尔：我想把它们带回家。

然后她继续谈论在法国路边发现的陶器碎片，并让我以孩子的视角看待考古学，这样就能发现很久以前的生活。现在，她在那罐蜡笔中发现了胶水（一种黏合剂）。这正是她想要的，于是她开始了她的最后一个游戏（但她还有别的话要说——我收到她寄给我的信了吗？等等）。

她拿了一张纸，把胶水涂在中间，涂成一个方块。她想知道我还要看多少病人。

我：你是我假期前的最后一个。

加布里埃尔：我五岁了，过不了太久。

她表示，她曾想见我以便获得这次治疗——温尼科特在她四岁时就完成了任务。

我：我也愿意和你结束这段治疗，这样，我就可以成为所有另外的温尼科特，不必再做这个特殊治疗中的温尼科特。

我能看出她用胶水做的东西是象征被摧毁和死亡的温尼科特的墓碑或纪念。在她的暗示下，我拿了一张纸，在上面画了一个加布里埃尔。然后我扭了扭画中的胳膊、腿和头，问她疼不疼。她笑了，说：“不，像挠痒痒！”

她在胶水周围做了很多装饰，包括红色。这个东西值得她带回家。对苏珊来说，它是很漂亮的。

加布里埃尔：我得再加点蓝色。

这张纸被折叠起来，所有的胶水都用完了，我帮她打了个洞，这样绳子就可以穿过去拴住。它现在是一只风筝。

加布里埃尔：我要去找爸爸，要漂亮的贴

纸，上面有活泼的男孩儿。

留下我照看风筝，她出去并拿回来两个古董式的贴纸（活泼的男孩），贴纸是爸爸带来的，用一张纸包裹着，似乎是带给妈妈的礼物。我把这些拿了出来，欣赏着它们。

她继续向父亲解释着。

加布里埃尔：他筋疲力尽了。没有人想再见温尼科特了，他被用完了。我把它撕成碎片了。我把这个东西作为礼物送给苏珊。有点臭，很可怕——我把胶水都用完了，你得多买点胶水了，一点也没有了。

此时，我趁机说了一些关于结束咨询的话，解释一下被摧毁的男性人物和纪念碑的类似排泄物的意义。这让她很高兴。

加布里埃尔：我满手都是这个。我在玩又臭又黏糊糊的东西。它叫什么名字——哦，是的，胶水，可怕的名字，可怕的气味。我们用Yoohoo来称呼它，没有味道……

我说，我看得出来，她已经把我从各个层次和各个意义上用完了。她说："是的，与你结束了。"

我：所以如果我去你家，如果我看到苏珊，那就会是一个不同的温尼科特——不是你发明的那个只属于你的、现在已经用完了的温尼科特。

加布里埃尔：现在胶水用完了，我们该怎么办？所有的温尼科特都完蛋了，我们该怎么办？要是温尼科特这么臭，这么黏，我真不想见到他。没人想要他。如果你来找我们，我会说：“黏糊糊的人来了。”然后我们会跑掉。

治疗就这样结束了。

加布里埃尔：我喜欢在……上画画，这是一张漂亮的纸。我该走了吗？

我：是的，差不多了。

加布里埃尔：我得洗个手，我会回来看你的。把它（风筝）涂成红色！

我拿着风筝，这时她在洗手。她回来拿上风筝，和她父亲一起走了出去，一路拖着它，试图放飞她那沉重的、湿湿的、黏糊糊的风筝。

评论（咨询师解析）

1. 在与年龄相符的成熟状态里容光焕发。

2. 应对分离，知道重聚是可以实现的。

3. 练习女性的魅力。

4. 总结分析，已经在积极的移情中重新组织她的生活。

5. 可以安全地感受和运用仇恨，因为它不会破坏良好的内部体验。

第十六次咨询

（1966年10月28日）

加布里埃尔现在五岁零两个月大。这次咨询不同于以往的会谈。事实上，它更像是一个朋友对一个朋友的拜访。她和父亲一起等了五分钟，因为他们来早了，之后父亲去了候诊室。她很快就适应了房间里的各种变化，并开始做她明显打算做的事情。

我们在一起的时间分为三个部分，第一部分是最重要的。她要了“蒸汽压路机”，这是个圆柱形尺子。我们玩了二十五分钟的老游戏，没有太大的刺激感，但有一种属于五岁孩子游戏的强度。她把蒸汽压路机推到我面前，当它撞到我的膝盖时，我就死了。我死后，她躲起来了。现在我们对所有的弯道都非常熟悉了。在游戏的过程中，她一个接一个地占据了自己的位置。每次我都得活过来，然后开始想起一个我已经忘记的人，再去寻找她，也最终能找到她。有时她也以同样的方式死去，然后她找我。我们就这样反复玩下去，直到她感到满意为止。然后便进入了第二阶段。

我像过去一样坐在小椅子上写笔记，她却坐在地板上，背对着我——“独自待在我面前！”她与动物玩具嘟嘟哝哝地交谈着，只是偶尔清楚地向我说几句她愿意我听到的话。一开始，她带着小羊羔说：“狗在哪儿？”我找到了那只狗的尸体所在的信封，她告诉了我，狗的身体上到处都是洞，并用手指摸索着。她说那只狗还没有空到站不住的地步，就把它放在小羊的旁边。然后开始把玩具拿出来，把装玩具的桶倒空。有一段时间，她连接了一辆火车，说话清晰明了，但只是自言自语。她说：“看我造的这列长长的火车！”但这段时间并不长，因为她只是记起之前的咨询中火车的样子，而不是为了交流信息而玩这个游戏。

> 我：你正在提醒自己，当你是小猪猪而不是长大后的加布里埃尔的时候，那些玩具对你来说曾经意味着什么。
>
> 加布里埃尔：我们再玩一次吧。

她小心翼翼地把她又拿走的几件玩具放在书架下面。她一边拿着篮子和其他玩具，一边用一种充满爱意的方式说着：“就是这些东西。”在这个过程中，她的头碰到了我的手肘。这不是故意的，她也没有因此而退缩。事情就这样发生了。她把狗放进信封里，然后说了再见。她把小羊羔放在信封旁边。然后她说：“好了！”——这意味着我们要准备结束，并进入新的阶段。

我们站起身，一开始似乎要玩更多的“蒸汽压路机游戏”（捉迷藏）。然而，她所做的却是找到一本儿童图画书。我和她一起坐下来，一起翻动书页。她非常仔细地看了看这本书，似乎很欣赏我所讲述的小故事。然后我们又看了另一本书，里面有很多图片，但是内容太复杂了，所以我们又换了一本插图故事。她翻页，我和她一起讲这个故事。最后，她选择了一本动物图书。一遇到她能说出名字的动物，她就很高兴，也很满足。这让她有机会和我谈论更多。其中一个故事里出现了“黑色”这个词，我提醒她关于“黑妈妈”的事。

我：你不好意思告诉我一些你的想法。

她同意这一说法，但这似乎有点心不在焉。

我：我知道你什么时候很害羞，那就是你想要告诉我你爱我的时候。

她非常肯定地表示同意。

现在到了该离开的时候了，她已经准备好去接她的父亲。很明显，她很享受她的来访，我找不到任何证据表明她有丝毫失望，她似乎有什么打算，但把它消解掉了。她说再见的时候看起来很自然，留给我的印象是一个真实自然、精神健康的五岁女孩。

小猪猪父母的编后记

一些读者可能会对此案例中对父母经历的一些观察感兴趣，并可能希望了解一些孩子现在的最新情况。

允许父母参与孩子成长和修复的过程对他们来说意义重大。这就避免了一个很常见的情况：父母感觉自己被冷落，因此成为与治疗师竞争的牺牲品；或者因为对治疗师或孩子的嫉妒，或者为了避免各种痛苦的体验，以及由此产生的潜在阻碍，父母可能会选择退缩，从与孩子的真实关系中跳出来，把他交给一个更专业的权威或知识渊博的专家。

虽然有些读者可能为父母不专业的参与感到担心，但这种风险似乎已经被治疗师的长期经验和老练的“感觉”避免了。这种情形，需要以治疗师具备精深的专业知识，又不流于教条为基础，他们以一种近乎“遗忘”的自然状态运用这些知识，从而给来访者以可信赖的踏实感。

也许父母们可以进一步就“按需治疗”的利弊发表一些自己的看法。但在小猪猪治疗的那段时间里，我们觉得我们不可能在任何其他基础上接受治疗。于是我们逐渐达成共识，等待小猪猪下一次治疗的时机成熟，这是非常值得注意的，我们在阅读咨询记录时确实感到惊讶，因为我们看到小患者是如何从上一次治疗中获得线索保持延续的，仿佛两次治疗之间没有间隔，或者仿佛她已经准备好进行下一步。

然而，如果在这个框架内，在需要的时候不能进行治疗（如在第十一次和第十二次之间），就可能产生非常剧烈的影响。幸运的是在这个案例中，患者似乎避免了内心受到伤害。

读者也可能想知道患者现在是什么样子，经过这样一个长期治疗后，结果是什么。

现在的加布里埃尔是一个真实自然的、积极自主的女孩，在学校里是同龄人团队的重要部分。她似乎恢复了开始治疗前失去的自信。

在八岁左右，她有一些学习困难（在学校很无聊，不容易学会阅读），但她现在非常胜任她的学习和工作，总能找到有趣的东西。她在性格上倾向于温顺听话，而不是淘气和调皮。目前看来，当生物教师似乎是她想做的事。种植室内植物是她的主要爱好。现在的她所表现的确定的价值感，内在判断的独立性，以及能与不同层面的人建立联系的能力，都会引人猜想：在心灵深处被理解过的这些令人满意的体验，其潜移默化的影响，是否还在她的生命中持续地发挥着作用。

她在之后几乎没有评论过这个治疗——也许在非常难得的回忆中，或者听到一些曾经的游戏名称时，有会心一笑。温尼科特医生去世的不幸消息，是一位来访的客人带来的，加布里埃尔对此消息的直接反应被掩盖在了当时的社交场合中。温尼科特医生已经以一种非常敏感的方式，在之前的治疗中，让她对他的死亡做好了准备。之后，她在某种恰当的场合提到过一两次当时治疗的情景。

温尼科特医生曾经在治疗过程中做笔记，加布里埃尔认为他在写他的自传，而她最终也被以某种方式卷入了其中的一个小角落里：“他过去总是在写，而我过去总是在玩。”

这本书（她还没有看过）出版前，开始和她讨论，起初她犹豫了一下，但后来她认为它可能对别人有用——正如人们所希望的那样。最后她同意了这本治疗记录的出版。

1975年